Gretel Esandi Scholz

MI PAPÁ ES VIRTUAL
Cybervínculos

Ricardo Vergara
Ediciones

> Esandi Scholz, Gretel
> Mi papá es virtual : cybervínculos / Gretel Esandi Scholz. - 1a ed .
> - Ciudad Autónoma de Buenos Aires : RV Ediciones, 2019.
> 112 p. ; 20 x 14 cm.
>
> 1. Aspectos Psicológicos. 2. Ciberespacio. I. Título.
> CDD 158.24

Coordinación de Producción y Edición: Ricardo Vergara
Móvil: 116-231-2760
email:vergararav@gmail.com
Facebook: Ricardo Vergara
Buenos Aires, República Argentina

Para comunicarse con la autora:
E-mail: gretelesandi@hotmail.com
Móvil: 115-966-2026

Queda hecho el depósito que marca la ley 11.723
Impreso en Argentina - Printed in Argentina
Impreso en Imprenta Dorrego, Ciudad de Buenos Aires
en el mes de octubre de 2019

Todos los derechos reservados
® Ricardo Vergara Ediciones
® Gretel Esandi Scholz

Índice

Agradecimientos 7

Prólogo 9

Tu selfie miente 11

Silencio en la nube 27

enREDados 41

Te clavó el visto! 55

#cuerpo 69

Mi papá es virtual 85

@deseo 99

Acerca de la autora 113

Agradecimientos

A mi padre y hermana, que firmemente escoltan mis sueños y no se cansan de caminar a mi lado. A mi madre, que destella desde el cielo con su luz guiándome.

A mis amigos, que con sus palabras y leal compañía sembraron mi confianza y hoy festejan mi gozo. A mi mentor, que no abandona mi sendero y complementa mi sabiduría.

Prólogo

"Mi papá es virtual" es un libro que nos acerca al surgimiento vanguardista de la realidad cibernética como protagonista de los nuevos modos de relacionarse y a las consecuencias revolucionarias que emocionalmente imparten desde su esencia. Destapa e ilumina a la nueva faz tecnológica como herramienta utilizable para desprenderse de los vetustos estereotipos vinculares siendo bisagra entre las generaciones vintage y posmodernas.

Desde el psicoanálisis prometo la exposición y entendimiento de los avatares del sujeto inmerso en una sociedad que cambia ágil y rápidamente, desbaratando los pensamientos universalistas benefactores y facilitadores del consumo, contraponiendo y brindando estoicamente la importancia que implica la pertenencia de identidad singular construida desde la infancia y revelando como lo propio del ser se ve afectado y sumergido en esta carrera de tiempos acelerados avistando el hundimiento del espíritu en pos de radicarse en la nova era globalizada del vacío virtual.

El nombre de cada capítulo de este libro es agiornado con vocabulario tecno circulante, instalado como interlocutor entre las interrelaciones innovadoras del cambio y las situaciones reales de la vida misma que a pesar de los tifones voraces temporales, se siguen recreando y reinventando en cada instante. Palpita en cada título el tinte payasesco de episodios y contingencias vitales que al despertar solar sobrevienen sin permiso, impulsando la pelea dantesca perdida entre la ira defensiva del suceso y la imposición de la rueda del destino que burdamente roza lo cínico de lo repetitivo.

Invito a los lectores a que reinicien la máquina y le recarguen baterías al cuerpo, divisando el logro de inmiscuirse en los caminos virtuosos, sinuosos y virtuales de esta obra que condecora la más disparatada realidad hackeada por el milenio, con la convicción personal de saber que mente y corazón no son artilugios ni cacharros viejos, sino que se comportan infinitamente como tesoros de prestigio haciéndose escuchar a través del misterioso pensamiento y el enigmático sentir.

Gretel Esandi Scholz

Tu selfie miente

Qué gran expectativa causaba llevar el rollo de treinta y seis fotos a la casa de revelados en los días aquellos, donde aún la memoria tenía un lugar de privilegio y el álbum era parte de la biblioteca. Se contaban los días rogando que las fotos que se habían sacado en ese lugar especial imitando el modelaje, no se velaran para armar el portarretrato hecho de caracoles. Luego venía la decepción y la culpa al fotógrafo de mal enfoque, porque la mejor pose con el mar de lejos y el sol saliente solo fue un resto en los negativos.

Transcurrió una rebelión y un adivino revolucionó la era inventando las cámaras digitales, tirando al cajón de los recuerdos el rollo y los negativos cubiertos de polvo, presumiendo la espera con revelado instantáneo, alardeando con la opción eliminar y especulando con la posibilidad de hacer pasarela las veces que se quiera, cuantas veces se quiera, en donde se quiera, aplaudiendo el ocaso de viejas temporadas y atardeceres color sepia.

Sin más rodeos ni vueltas, sea la vieja polaroid o la cámara fotográfica digital ultra moderna: tu selfie miente.

La imagen no se encapsula en una cámara que hace flash y sonríe como primicia tecno cuando se roza el disparador táctil con veinte modos diferentes de verse, se podría decir que eso pasa a ser una nadería para hacer del reflejo algo aceptable y medianamente reconocible. Lo que espanta a ahogarse como Narciso, es algo que de muy niños los corretea y pisa los talones engañando cada vez que se le pregunta algo, de hecho al muy soberbio se lo puede encontrar en muchos lugares del hogar porque siempre alguno mora con su gran opulencia de marcos distinguidos, es más, si se miran en uno de ellos que se haya roto tienen siete años de maldición obligándolos ir a una zíngara para que prenda velas y les saque el hechizo, en la ventura de quedar envueltos en un amarre para asegurarse que vuelvan desesperados con las monedas en la mano, así que cuidado cuando se les diga igualicho gitano, ojalá te enamores!; porque se perderán en el espejo.

Cada vez que atraviesa el enamoramiento se cae en el precipicio de una locura embebida en codicias de fama, se huele el aroma de un oasis salvador de la desquicia y se apuesta en la ruleta rezándole a la suerte para que el elegido apure fichas. No dejan de mirarse al espejo para estar a la altura de las circunstancias y se arrojan a la buena fortuna porque piensan que es el puro azar vestido de crupier, el malhechor que los topa con el amado y baraja los ases a favor del mafioso destino encaprichado en que paseen dentro de ese evento boreal.

Déjenme desilusionarlos en esta novedad, esas escenas las arman ustedes mismos desde el olvido del primer enamoramiento tan delirante como el actual, no es casual tropezar en las garras del amor cuando se fue amado y deseado en la infancia por alguien que con sus ojos nutrió la vida, porque es allí, en donde se enamoran por única vez y se tiene una cita con el primer amor a través de sus espejos de colores. Lo trastornado es que se trata de una señora que no les pertenece, porque parece que le gusta un varón llamado papá que les guerrea mientras la embustera coquetea deseando otras cosas además del pobre niñito inocente, y que, aunque como buenos purretes se estallen en alaridos enloquecedores para ser su centro de atención, los desconoce para no vencerse y renovarse en templanza aniquilando la tentadora mordaza. Ella es quien realmente les saca su primera foto con su mirada y quien les marca con sus bifocales misteriosos el camino en donde constituirán una realidad propia espejada, así que denle las gracias a mamá por ser la primera cámara fotográfica y la engañosa respuesta que los acompañará el resto de sus vidas.

La mirada de una mamá es la que conduce el sendero del amor y del odio según los anteojos con los que haya deseado a la criatura, es el reflejo en ella que se arma a partir de sus palabras y sus gestos, que valoran y califican de tal o cual manera. Si en verdad algún chiquillo en la óptica materna es un desastre, un triste destino puede sopesar sobre él y sobre aquellos que compartan una mamá con esa misma forma de ver la vida, porque en ese primer noviazgo y esa manera de amar es en donde se van a repetir en la adultez, como vestigio del niño que fueron corriendo maratones en una rotonda sin fin dentro de una mirada fulminante y complicada forma de relacionarse, a nadie le va mal porque sí.

Pasa la escuela y se agrandan en la explosión adolescente cuando reconocen ese amor que los alumbra y es correspondido, es donde vuelve el soberbio que les conté hace un rato y les restituye la imagen del ganador, a su vez, los mira sonriendo chasqueando los dedos como el mejor seductor, pero resulta que a veces el curioso se pone revoltoso, porque puede trampearlos en una descortesía deshonrosa cuando ese amor no les da cabida y se refleja una especie de perdedor bufón. En las novelas se ve mucho de esto, el galán, la galana, el amante, el rival y tantos otros personajes que conforman la escena de amor odio que se otea hasta el capítulo final. Como es costumbre está la malvada envenenada que aburre a veces con la misma secuencia melodramática, sin opacar al resto de ilusos que esperan que el amor triunfe y los protagonistas vivan felices comiendo perdices, el tema es que no siempre el final en esta furiosa coexistencia es tan prometedor, porque una cosa es lo que posteas en tu selfie, y otra distinta lo que sentís por dentro.

Hoy presente se escaparon las tardes de rayuela y se ofrecen bártulos alternativos, el libro de caras es uno de ellos; es una escopeta online que habilita a que se hagan desfiles de las propias beldades esperando la mirada enamorada de alguien que pida solicitud de amistad y halague el espejo que porfiadamente se empaca en mostrar lo peor del actor mismo. Su fin es arrastrar a que se tome una foto y se adorne de las mejores cualidades para parecerse a los cánones de belleza vecinos de los cómics, verdugos de la cima, cuando la autenticidad del acto es remitir a ser los muñecos de un ventrílocuo endiosado que habla de target, en un permiso ingenuo que se le brinda inconscientemente para opinar burlonamente, contentando la mirada ajena y quebrando la mirada interna que habita. Irrisoriamente y desnudando lo antedicho, no hay mejor ejemplo de la dependencia del espejo en cuanto se suben al coche y se manipulan los espejitos, abriendo los ángulos oculares perceptivos para visualizar al chofer de al lado, además de fijarse las impurezas de la piel y como quedan las gafas, no cabiendo duda que si se nace con buenas dotes la mirada del otro puede ser más promiscua que si se está fuera de los parámetros de los desfiles de modas, un bocinazo puede confirmarlo en estruendo.

Impertinentemente la eclosión social global de perfecciones habilita a cuestionarse sobre una imagen azorada en el espejo que boxea con enfermedades involucrando al reflector con vanidad, aseverando que no solo la mirada de mamá marca una huella en el cuerpo, sino que otras influencias culturales arrasan despóticamente con el personaje atrayendo al maldito a una cena de tres incluyendo al diablo. El alimento primero que se recibe es expedido por el pecho en la afanosa succión, de mal gusto parece por las muecas del bebé que lo delatan, pero no importa porque su mundo es ese dispensador que no solo le expende calostro, sino amor en el amamantamiento cedido por su ser amado que lo mira y con sus frases y arrullos significa su valía, intuyendo el foco de ese faro que penetra en el espíritu dejando la marca de la primera entrevista con mamá, una la luz que deja de alcanzar para pertenecer al planeta de las selfies. Ser caníbal o vampiro del pecho materno puede producir consecuencias sobre la nutrición cuando el cuerpo se desprende y empieza a comerse el mundo o a uno mismo, la bulimia y la anorexia hacen esplendor en ese caso, como un ventarrón social en estas épocas. El espejo se hace enemigo ruin porque ocurrentemente su truco es distorsionar la imagen como la casa embrujada; pero la versión verídica descarta al soberbio y relata que los embrujos de la mente son los culpables de haber entrado al siniestro mundo del imaginario a corregir miradas poco simpáticas, recurriendo al hada madrina de los cuentos en donde todo es de ensueño y se pernocta encantado.

Cataratas de información se acumulan en la radio mundial y el oído sintoniza como se debe ser para ser mirado, aceptado y escuchado en las masas de linternas insensibles y perturbadoras que desgarran el alma propia y la sumerge en estados de impasse para conformar el discurso del amo que ceba el mate del esclavismo y la soledad si no es posible encajar. Una solución potencial de la era de las comunicaciones obliga a ser parte de las redes sociales que imparten vincularse con algunos desconocidos abrigando la idea de que cuántos más amigos se tengan y más populares sean los muros y estados, más acompañado se estará en el día a día evitando el vacío amoroso.

Con honestidad, no puedo dejar de confesar que tengo nostalgia por el teléfono público y de línea con cables en espiral que ayudaban a calmar los nervios y ansiedades. Los suspiros que se escuchaban a través del tono cautivaban la charla y las convertían en temerosos dichos, porque esos sí que no se podían borrar, lo dicho, dicho estaba y había sido escuchado por el otro en donde no había opción de "eliminar comentario", con el despropósito que la entonación aplicada hundía el ánimo al horror de la incertidumbre de la respuesta; pero los cospeles pasaron de moda y solo son monedas de relieve rayado hijos de los cascajos naranjas que pobres quedaron olvidados y se recluyen en la exposición de las calles de San Telmo como herederos de infinitos ecos. Hoy se reemplazó la voz por el arte de la escritura y lo que se ambiciona en este mundo comunicacional, es ver a través de la pantalla "escribiendo" que a veces termina en una monosílaba superflua y descomprometida que ayuda a escabullirse en la verdad; la aplasta, la pisa, y la hace desaparecer.

En esas voces telefónicas había una protagonista hoy deteriorada que muchas veces se sigue buscando en el altillo, que surgía de la forma de decir y expresarse y hacía de su estrategia una puesta en la mesa de la cocina de casa, imponía su melodía y era algo así como un alba soleada llamada confianza, amiga de aquellos sufrientes que la perdieron. No puede negarse que dicha emperatriz socorría miedos e impostaba resistencia a las inseguridades y residuos de frustraciones.

Bingo, luego de las conversaciones venía la cita lograda, y el cara a cara proponía esa sensación de alivio ante la presencia de quien traía flores al encuentro, se aventaban las ganas de tomar una copa de vino trasladando la actitud sonriente escuchada a través del auricular ahora llevada a la convocatoria tan esperada, tratando de no llegar muy tarde porque no había forma de avisar por el celular que el tránsito estaba pesado. Qué cosa merecedora de intrigas era el primer hola después de haber hablado horas por cableado y no saber qué decir en ese momento más que repetir lo mismo una y otra vez; el no saber qué inventar para que la noche sea sensual, hacía de las palabras bizarras la creatividad suprema forjando de un analfabeto un poeta. Caminabas al lado un poco temblando y un poco palpitando sin saber si tomarle de la mano o no, si preguntarle cómo estaba o no, culminando en esos instantes en donde uno quiere ser invisible y que salga lo que salga porque no hay nada que pueda decirse que convenza.

Preparar la ropa una semana antes era un turismo aventura y la duda del espejo era una carcajada maniática en la cantidad de veces que el placard crujía sus bisagras. Simular en el soberbio como ibas a presentarte era la zaga del día, la estupidez de que alguien te viera más allá de lo que uno pensara hacía que cierres la puerta implorando que nadie entre a la habitación para encubrir el desorden que habías armado, lo bueno es que cada tanto se frenaba para tomar aire nuevamente y dejar todo a la buena de Dios. Había horarios estrictos para comunicarse y las agujas no se movían, pero el día que llegaba el tic tac del encuentro no había campanadas que dejaran de anunciarse cada treinta minutos y por supuesto, en el último segundo, se colocaba el perfume desparramándolo por todos los rincones para asombrar con las fragancias.

Hoy me pregunto si toda esa historieta embelesada queda en algún lugar del jardín de semillas que con paciencia y perseverancia se fueron sembrando para que la atracción perdure más allá de las labias telefónicas de viernes por la noche, haciendo de los sábados por la tarde el mejor diario del lunes. En el pesar del olvido se acuestan esas remembranzas, hacer de ellas una pantalla led para encontrarse, invitan a retirarse a la añeja generación X dando paso a las nuevas travesuras joviales de conocerse, dejando atrás los rastros del aroma que llevaba la piel junto con el lenguaje de las manos.

Caducas, pero no tanto esas nostalgias, el inicio del fin de semana tiene una parte divertida también. Hoy se espera que el viernes funcione bien wifi para conectarse y acercarse a alguien que tal vez no tenga nada que hacer alrededor de las 22 h luego de un día intenso de trabajo. En el cuarto se prende la PC y se verifica que el modem no esté atascado para dar comienzo a la encuesta de preguntas virtuales y, en caso que se revire el servicio de internet, el móvil de datos también se presta a colaborar en la audaz persuasión de la escritura, si hay agua de lluvia mejor, porque incita fantasías e impulsa al palabreo corroborando que el brandy no falte sobre el estante. Llegada la acomodación y alistados se emprende la búsqueda de miradas en un mar de multicaras para animarse y hacer de la noche algo parecido a estar en un cine viendo la película que salió en cartelera el jueves como uno de los mejores estrenos, comiendo pochoclos con alguien que te gusta. Por las dudas cambias la foto de portada y perfil para suponerte activo en las redes y atrapar al vuelo a algún voyeur mientras el mundo gira entre otoños y primaveras de husos horarios extremos. Hacés de tu momento algo positivo y en caso de que te duela la cabeza no hay problema, nadie te ve realmente. Saboreas algo junto al whisky en las rocas que te serviste para entretenerte mientras escuchas el silencio de las redes, cayendo defraudado en las que vos mismo tejiste.

Buscás, recurrentemente hasta que una selfie te motiva a abrir el chat y poner en funcionamiento a tus dedos, cuidando la ortografía cuan policía para quedar bien y lograr que mínimamente contesten un cómo estás menguado, inspirando un interés mundano que reemplaza locuciones antiguas estiladas, mientras se acaba el vermut que te armaste dándote por enterado que del otro lado no hay nadie. Eso es lo fantástico del entorno virtual, que hacés del tiempo lo mediato y lo inmediato, si te contestan pronto es porque también vieron tu selfie y te asignaron el ok, pero si se tarda tu espejo se desvanece en el intento indignándose, decidiendo acertadamente recluir la energía que pusiste en ese avatar e irte a ver una serie hasta que apronte el sueño y dormir plácidamente con la cita de sábado boicoteada.

Abracadabra y se da paso al cambio vertiginoso y constante, desplomando en efecto dominó las décadas y a los sentidos que se van con ellas desapareciendo como palomas en las galeras. Ante las pérdidas de añosos modos otros se entrometen para modificar los paisajes creados de antaño construyendo paraísos virtuales de imágenes, destruyendo los portarretratos de caracoles que se guardan en un cofre para poner sobre el modular los digitales acumuladores de fotografías que pasan como páginas de revistas una y otra vez.

Es claro el reloj mundial, pero aún no se está seco de victorias, hay improntas que nunca van a cambiar y van a reaparecer como las estaciones del año, con hojuelas marrones y nacimientos florales, con nieves heladas y panales de abejas trabajando para dar miel; la tecnología no deja mudas a las emociones ni a los cantos sentimentales. Se sigue creyendo que cada vez que sale el sol el contento renace y la esperanza se rehace como ave fénix entre las cenizas, es algo que te dice asiduamente que el ombligo es la fuente de tu amor y tus certezas, y que, aunque haya sido una calamidad, es la siembra del refugio donde siempre volvés cuando el sopapo te duele rasguñándote en tu parte más íntima. Siempre se retorna a pintar el cuadro, aunque uno se enchastre siempre de lo mismo, donde tal vez la diferencia solo se visualice en el color de la témpera que no por eso deja de ser amablemente distinta.

Actualmente lo corriente es una especie de rock and samba, tratás de equilibrarte pero el sátiro no para, te tambaleas como podés pero tampoco parás, porque te fijaste una meta y con diez palotes de bastos en la espalda seguís sin rendirte en la cruz de tus decretos. Desde algún lugar de tu ser, sabés fehacientemente sobre tus punzadas y tus capacidades para soñar, pero te empeñas en desdibujarlas y ocultar tu dolor en una selfie, publicada en cuanta red social se ingenie para tener éxito y obtener el reconocimiento perdido que tuviste en tu cuna. Ese amor incondicional no es el que se estampa en los clubes sociales virtuales, encontrarlo es la aguja en el pajar que enterraste en alguna plaza cuando la hamaca era el mejor regalo de las mañanas domingueras junto a otros niños que jugaban a la pelota.

Todo lo que digo parece disparatado y hasta un poco nefasta la cuestión, quitándole a las redes sociales su importancia comunicacional y el sencillo talante jocoso que poseen para buscar compañía en los momentos de inminente soledad. Claramente sirven para iniciar charlas y simplificar a través de desconocidos confesiones que tal vez a algunos seres amados no se atrevan a contar por el tinte oscuro de las emociones, como también propulsan a poner en la batidora revoltosas picardías oxidadas. Quién puede no admitir que a su vez tienen esa habilidosa aptitud de poder estar interconectado con personajes de otros países dándole la vuelta al globo sin darse cuenta y sin gastar un peso en aéreos, en donde los kilómetros se aprietan en unos pocos metros por la calidez del diálogo. Pero no se fien del todo, también se pueden usar para algunos chascarrillos, accediendo a la posibilidad de mentir sin que el otro pueda avivarse sobre todo si la plática se hace a través de escritos, ¿qué puede saber quién te observa, si tu selfie es real o pusiste la foto del modelo que tenía mejores rasgos o tu misma foto bañada en Photoshop? en algunos casos las redes pasan a ser amigas íntimas no delatoras de macanas infantiles.

Francamente, quién sostiene los engaños es el personaje mismo que busca a través de las redes el reconocimiento que tal vez no encuentra en presencia y por eso puja a nadar en una manifestación de caretas mundiales, ilusionado que desde algún lugar del continente alguien pise la estafa y endulce la vista.

Nada puede parecer más engorroso que aceptar que en la actualidad los vínculos duren menos en el tiempo y espacio, reemplazando a los actores protagonistas como hojas de un libro haciendo del amor en todos sus planos algo insustancial y quebradizo, tal es así que si no gustas o te ponés denso te bloquean y adiós. Es sensato poder reflexionar sobre la liquidez de los sentimientos saltando impulsivamente de colchón en colchón para no caer al piso y estropearse en el dolor que el mismo afecto causa. Lo auténtico en toda esta parafernalia es el juicio de consciencia que debe adquirirse a la hora de utilizar las redes sociales con el respeto merecido que entre los seres humanos se deben, entendiendo sobremanera que, así como el sexo es un juego de adultos que debe medirse para no caer desde una colina al asfalto, el exceso virtual puede llevar a encuentros presenciales de instintos peligrosos.

Solo queda por decir que se puede ser un Pinocho de mentiras y hacer con la selfie las fechorías que se deseen, haciéndola girar por el sistema solar si es de agrado y complacencia, pero siempre con la señal despabilada que se puede adulterar la esencia, y que no cuenta, si la traición es a uno mismo.

Espejito, espejito, ¿quién es el más lindo del mundo? Antes eras tú ¿y ahora?

Silencio en la nube

Aeropuerto de Madrid-Barajas, España.

- Buenas noches señorita, necesito urgente el primer vuelo que tenga hacia Argentina.
- Buenas noches señor, lamento decirle que por mal clima no hay vuelos hacia ningún destino hasta dentro de 48 h.
- Entiéndame señorita, es urgente, necesito viajar ya para la Argentina y no puedo esperar.
- No depende de mí señor, le emito si está de acuerdo el primer vuelo en 48 h con probabilidad de reembarque.
- Usted no entiende, mi viejo se muere y dentro de 48 h no alcanzo a despedirme porque está en su final. Nunca más voy a verlo y quiero decirle cuanto lo amo ¿comprende?
- Lamento la distancia señor.
- Por favor discúlpeme, emítame el pasaje lo antes posible, aunque sé que no llego, no llego; perdón papá.

Modo avión y hacia el duelo despedida. Difícil para este hijo poner un pie en la Argentina sabiendo que uno de sus seres más amados se transportó a otra dimensión de la cual nadie tiene certeza que exista a pesar de suponerla colmada de energías blancas con destellos azules; por una arista es templador pasmar esa representación celestial tan sublime, pero por la otra se degusta un tónico inservible porque no basta para zanjar el devastador episodio ni mucho menos amainar el tedio del típico y tonto consuelo. Pensar que la última vez que pudieron reencontrarse fue a través del Skype en una teleconferencia de una hora más o menos, intentando en desbordadas verborragias contarse todo apilado para no pasarse por alto las novedades y anécdotas más impactantes que cada uno estaba viviendo. Tomar el avión retrasado fue la segunda peor noticia recibida en minutos que tuvo que comunicar al resto de la familia con la voz entrecortada, recibiendo del otro lado algunas críticas hirientes en la acusación de haberse ido a vivir tan lejos siendo que su papá preguntaba por él; dándole entrada y bienvenida a la torturante culpa que va a sentarse a su lado en el avión como buena pasajera sibarita de primera clase.

Sin usar binoculares se presiente que se las verá negras este muchacho cuando se frunza en abrazos con su familia, poniendo el pecho a las balas de los reclamos que ya se visualizaron por el chat, de momento solo queda sentarse en el avión, ponerse el cinturón de seguridad mientras se escucha a la azafata e inmiscuirse en el silencio de las nubes en donde sienta que su papá aletea cerca y hablar con él si es que tiene algo guardado por decirle creyendo que desde algún lugar lo avista.

Congratulación al arribo en Buenos Aires y a empezar a bailar el tango porteño enfrentado al eterno malentendido del antepasado linaje en la competencia de quien más sufre o padece el deceso sin contar las harpías que vienen hambrientas de la herencia. Ante estas situaciones tan habituales es mejor enfriar la mente y darse el espacio a evitar un presunto atentado plantando en tierra bandera blanca en son de paz, celebrando a la inteligencia en su más álgido potencial.

Ponerse en los zapatos del otro es uno de los desafíos más rebeldes al que un individuo se pueda someter. Siempre se recurre a las espadas defensivas para no trastabillar con las imprudencias cometidas saldando responsabilidades en cada acto practicado, o no practicado, cumpliendo con la destreza que implica que el "no hacer" también es un acto que responsabiliza de forma idéntica a quien actúa. La muerte arrasa siempre con la guadaña intempestivamente, aunque uno se jure estar preparado para la partida porque hace rato la dolencia es agonizante. Pensar así es solo una especie de sofisma, si bien en esos casos lo distintivo es el efecto sorpresa, realmente no hay ley que pueda explicar el por qué ciertas personas se van antes de lo esperado imputando a cronos de mezclar las sotas de los cumpleaños que conjeturan a una biología sabia, desperdiciando la vida de algunos querubines que suben la escalera al cielo con desmesurada prontitud.

El duelo duele, y tiene que doler. El escenario cambia ante la partida de alguien, llamémosle a este hijo que migró de sus raíces hacia otro encantado y justiciero país vendedor de una vida mejor y más feliz, así como el terrible desenlace de la muerte de un padre que revuelve a todo el teatro novelero ancestral, reordenando las sillas en el comedor en la premonición de futuras navidades. La tajante diferencia que milita entre una escena y la otra, es que en la primera la posibilidad de volver a verse aún se agita y, es en ese cruento contraste, donde nace el martirio esperanzador de volver a reunirse en el más allá o en algún sueño nocturno sacudiendo con vehemencia la desesperante sombra provocativa y ejecutora del desengaño.

Mientras se está vivo, la muerte se apronta en peripecias no siempre tan literales, gritando que, fenecer es la única crónica anunciada de la cual el mortal elige subsistir ciego por el desgarro turbador de ese saber consciente. Morir transitando la vida es inevitable, no solo muere el que parte al vergel sino el que queda sentado esperando que algún relámpago lo parta como un rayo para dar sentido a su realidad; morbosamente el amor es uno de esos fenómenos paranormales que se disfraza de utopías, pareciéndose a la muerte cuando dejan de amarte procurándote un shock agudo. Es socarrón y delirante entender que el valor a la vida se lo da uno mismo, pero no hay otra opción más cierta que el escenario de cuando alguien se desvanece titilando a otro lado, sentir también que se va un pedazo del ánima propia con él, porque no solo duele la ausencia del extinto, sino la parte muerta de sí mismo por su ausencia.

Hay un chamán del que nadie tiene las más mínimas intenciones de tenerlo adentro y ponerse a filosofar con él a pesar de su sabiduría infinita como maestro filántropo, desmentirlo es una de las tareas más emprendedoras pero frustrantes en las que se desorienta el lunático en el afán de ensalzarse en mañas poderosamente omnipotentes afirmándose por el bosque sin tropiezos ni malezas que entorpezcan su peregrinaje. Es el profesor del antes y el después de puntos claves de nuevos vientos, el real catedrático que te va a mostrar la mortaja si no haces el giro infalible para una significante existencia, y para no generar más ansiedades ni misterios tórridos empalmo el final del palabrerío con su nombre, de quien les hablo es del dolor.

El cuerpo arde cuando el dolor se mete adentro de las entrañas y empieza a hacer como espuma entre venas su obra artística más humanizada, percibiéndose como macabro y repudiable por la efervescencia que ejerce estaqueando al simple pero complejo sujeto en su desdicha. Remacha y ordena en su recorrido el agujero de recuerdos intensos e imborrables operando majestuosamente en separar y colocar a la memoria en zona encriptada, mientras al sentimiento que la acompañaba lo encarcela momentáneamente en una jaula sin candado para que cuando el emérito personaje esté entrenado, pueda abrirla y dejarlo en libertad para volver a amar; en definitiva, este chamán tan odiado está sanando tu alma. La versión facilista medita: todo pierde sentido ante la pérdida, pero si se escucha al dolor y se lo deja trabajar, el mundo vuelve a tener sentido en cada duelo conjurando un renacer.

Lo susodicho tiene su lado soberano y comprensible, la estrofa es muy evidente cuando el son recae sobre la quimera de un nuevo amor que viene en auxilio de monstruos antiguos. Los ex por algo así se llaman y no por eso se los olvida, pero el recuerdo ya no duele tanto, sino que queda en la cajita de música como parte de la historia llena de momentos tanto agradables como funestos. Eso que todos repiten como loros que todo tiempo pasado fue mejor, no es más que un mecanismo mental fructífero, comentándoles que son frases del recóndito inconsciente que elabora las malas trastadas de la mejor manera que puede, asegurando que algunos no son descartables, pero, otros le hicieron caso al dolor y se fueron con él.

Para patinar un poco la sonrisa, la secuencia peripatética de los procesos de duelo sería algo así: acontece un primer tiempo en donde se es canchero porque se tomó una decisión correcta ante el feroz ser que se tenía al lado, que ofrecía tan solo un pasatiempo rutinario de infelicidad plena sin arrepentimiento alguno ante el malsano porvenir que ensayaba; o semejante. Luego viene el segundo tiempo en donde el arrepentido por las calumnias es uno mismo y caen las vendas martirizándose por los errores cometidos entrando en la duda si aún se lo sigue amando o no, es como si todo se extrañara de ese ser feroz que no lo era tanto, y se elevan potencialmente todas sus virtudes ahuyentando los rencores reconociendo que una pareja es de a dos y, en verdad ese porvenir no era tan horrible como se pensaba; parecido también. Para rematar, el sol aparece entre las nubes y van por la calle recordando los buenos momentos con esa persona listos para abrir la jaula. Fin.

Escabullirse en los momentos del duelo aceptando que son parte del mismísimo valle de lágrimas, habilita a darle permiso a otras vibraciones que tampoco son muy amigables para la percepción ni para los ideales aniñados que aún están dentro del baúl de pelotitas y juguetes. En el meollo del asunto, apreciar las emociones más amargas y tolerarlas perseverando en la fe de la salida, convocan al triunfo de un emperador que ha sabido derrotarse y erguirse para linchar en su neo izamiento con los tenaces ángeles caídos.

   Ese tiempo insoportable de afliges que no parecen resignarse nunca y se pegan como moscas hasta en los momentos de escaso sentir incipiente, es el que te va a señalar el destino hacia el genuino amar. Sobre el paño verde el oráculo predeciría que, si se elige transitar a los sentidos en su eterna evitación y aspereza, pues nada se sentirá hondamente, ni lo amargo ni lo dulce, solo quedarán compensados en lo soso de una suspendida inauguración que con pedanterías destruyeron para sentirse los reyes de lo innecesario, pero si se profesa sobre la elección de arribar a los sentidos, los astros presagiarían que el germen del ser se hundirá en fosas marinas inimaginables conociendo al amor y al dolor tomados de la mano, dándose chapuzones de energía por reconocerse sin miedo y animarse a seguir juntos, porque nadie está tan expuesto al dolor como cuando ama; solo escuchando al chamán, se podrá revivir en el amor legítimo.

   La negación que hoy retumba en esta sociedad de recreos rosados sin arriesgarse a revisar toda la paleta de colores, hace de la esfera de las pasiones compartimentos estancos cosificados que aburren ser usados por los trotamundos. El ritmo itinerante con el cual el mortal toma las riendas de su vida, lo dirige a la mudez de un corazón que grita para ser escuchado y bienaventurado en su función. El fugaz lugar que se le da al dolor se lo puede divisar en grupos sociales en cuanto alguien aporta sus estados motivacionales, buscando en el vacío virtual la contención que sólidamente podría ser consagrada por amados palpables. Es un dilema pillo para discernirlo con perspicacia, siendo que los dardos ruinosos enviados a la web para ser reabsorbidos por alguien huraño, quedan circunvalando en la exósfera del silencio y nube de google.

Hablar no significa decir, y decir no es simple, por algo los emoticones pasan a ser novas modas y modos de transmitir estados facilitándose la guarida en el chip de un ordenador que no transborda gestos ni sudoraciones. La palabra compromete y tiene un significado y en caso de antojarse revalidar el compromiso, se repregunta a través de su sugestión cualitativa. El emoticón promueve la interpretación y aunque a veces explícita no deja de ser un signo que simboliza algo, y en designio de huida rauda que viene como anillo al dedo el diálogo termina siendo un jeroglífico liberado. Imagínense en la nube de ideas al malentendido estructural que suele presentarse a pesar de la intención con la que se boquea, pidiendo perdón en una esquina porque en verdad el párrafo planteado no era el que se quiso decir y, cuanto más se quiere resolver la sopa de letras, más en el lodo se flota.

El trompo tecnológico da vueltas con todas sus fuerzas llevándose parajes de carteles luminosos auxiliares que dicen "precaución, zona de nieblas es posible chocar de frente". Estarse atento a los atolladeros afectivos influenciados por el cibercosmos hace que se saque el pie del acelerador y se respeten las señales sensoriales, aunque se gane la lotería y se pretendan sortear pasos necesarios para superar síncopes amorosos.

Soslayando el pesimismo, que podrá pasarle al muchacho que recién toca los adoquines rioplatenses cuando se halle con la escena mortífera de su padre y los reclamos fónicos del resto de la alcurnia, porque en el Boeing los mojones pasan como postes caídos, pero el dolor se toma su tiempo y descansa en cada personaje lo que el personaje precise para liberarse de las sobras.

Dándole vuelta al carrusel y esperando la sortija, el joven y buen mozo hijo se toma un taxi en el aeropuerto directo a la casa de sus padres en Recoleta, porque como claro está, no llegó al homenaje. Suena el timbre y alerta en marcha se escuchan pasos agigantados hacia la puerta, luego de ver una sombra en la mirilla se abre la tabla de madera para recibir los llantos de una mamá y la perniciosa mímica de un enojo subordinado a punto de ebullición para expresarse. Un par de familiares de los que solo aparecen en los velatorios y en los minutos posteriores como buzón de chismes, hacen de testigos silenciosos resistiendo la impertinencia apoyados sobre el sofá. Ruedan lágrimas inocultables y curadoras alivianando tensiones instigadoras del insulto, lo que hace del fortísimo momento el más caluroso abrazo enroscando un ramo de margaritas para mamá. Las pupilas de ambos se funden sin decir una sola palabra hasta que la puerta giratoria empieza a ventilar el accidente que provocó la muerte del patriarca y sus balbuceos en la última respiración.

Pronunciar el nombre de un hijo es una faena colosal para un padre, porque en la cadencia del surco tonal de su oración tallará con tinta indeleble mente, cuerpo y alma de su mejor producto y con la palmada en la cola empujándolo hacia adelante le enseñará en el tropiezo que el barrilete siempre remonta. Sinnúmero de anhelos quedan incumplidos envueltos como chocolatines vencidos en el bolsillo de un pantalón, y en nombre del amor son los hijos los encargados de tripular los sueños abandonados de sus padres ofertándose como la lámpara de Aladino.

Toca el cucú y pasadas las 00 h con relatos impredecibles, madre e hijo se sientan con los músculos cansinos a tomarse el café merecido en las tazas ribeteadas de oro de una desusada vasija, esa que se utiliza para situaciones especiales; como éstas. Chilla la pava y se huele la morena infusión tan exclusiva de la casona de mamá y papá endulzando las paredes con su aroma irresistible resaltando las ganas y el placer de contemplarse en presencia, diplomando perdones y justificaciones en el intento de no asfixiarse en la alcantarilla de las culpas que el kilometraje se ensaña en acosar.

Alejarse de los padres es lo esperable que un hijo haga en el afán de cumplir sus propios sueños y tripular sobre ellos. En cada palmada en la cola se inculca la importancia del saber perder en pos de otras ganancias no materiales, señalando que eso no es más que la instrucción sobre como sobrellevar los dolores causados por aquello que ya pereció. Es perjuicio e infortunio absorber a los hijos como una aspiradora para que cumplan los deseos que los padres no han podido alcanzar, responsabilizando a sus descendencias por ser las víctimas de un engaño vital. Retener egoístamente no es sinónimo de buen amor, renunciar es un acto profundísimo de nobleza e hidalguía, del cual los padres tendrían que enorgullecerse en vez de ser competidores desleales de los tesoros que son sus simientes. Estructuras fuertes y de ladrillo fértil es el legado que debe estar escrito en el testamento sin manipulaciones ortodoxas de seres infelices, que vuelcan en su mismo fruto las heces de sus pedregosos fiascos.

No hay titubeos para no creer que sobre la familia del emigrado joven el chamán va a rebuscárselas para sanar a cada uno de los integrantes, la genialidad es saber permeabilizar las iras y asimilar la función del tiempo que para ávidos no es empático, invitándolo a sentarse en el alma para sostener durante algún período una calma aparente solícita del bien hacer. Todo se reordena, y de todo se aprende en cada latigazo que insta la filantropía del dolor.

- Este mensaje fue eliminado.
- Este mensaje fue eliminado.
- Este mensaje fue eliminado.

- Hola mamá, perdón que tardé en avisar, no tenía wifi, el vuelo llegó con retraso, pero ya estoy en Madrid.
- Cuando puedas y tengas un ratito hablamos por Skype.
- Te amo

enREDados

Los sitios de citas web son encantadores, porque reemplazan a las caducas discotecas sicodélicas en donde se hacía fila para bailar lentos y los cuerpos comenzaban a danzar toscamente en compases tímidos. En la previa las mujeres hacían toilette en equipo, buscando en el espejo el visto bueno de su propia mirada y la de sus histriónicas amigas, mientras los varones impacientes tomaban coraje y practicaban su labia. En los impasses, se recaía ansioso a que mermaran las luces para que el sonrojo del encare no sea tan evidente y así poder enmascarar ciertos defectos que con el foco en la nuca lapidaban el cuento mágico, siendo que para colmo ya no se tenía un centavo para invitar un trago.

Ahora es mucho más fácil, se conectan en la web, se enlazan en cibercitas y se fijan quien les gusta, hacen un clic, y si tienen la suerte presagiada ¡jackpot!, se viene el chateo. Después del flirteo cibernético, y si los individuos se animan, se aproxima la cita a ciegas, corriendo el riesgo de quedar expuestos con el semblante soplón de una verdad acicalada y el pudor del engañoso efecto virtual, la otra idea es, que para evitar conflictos y disturbios, decidan hablarse a través de una pantalla, sin compromisos ni obligaciones, pero enREDados.

Todos los amantes se enredan en las redes de sus propias redes, quedando enredados en una red amorosa muy enredada que intentan desenredar para no quedar enredados en las redes del otro. ¡Qué enredo!

Era una retro manía empilcharse el sábado y reunirse con amigos en alguna esquina del barrio para ir a la disco que estrenaba los hits de música electrónica que retumbaban en la escala mundial de los mejores internacionales. La radio FM sonaba todo el día mientras se ensayaba frente al espejo los nuevos pasos para salir a la pista y no quedar desubicado con la marcha anterior, ilusionados y alegres de que tal vez esa noche se daba un destello oracular y se conocía a alguien para emprender el cortejo tan soñado que hace tiempo se buscaba y se hacía esperar.

Comenzaba la cuenta regresiva para alistarse, aunque la idea no era ser unos de los primeros en llegar a la disco, siendo eso para los novatos que no conocían los trucos de entrar con ímpetu entre la multitud cuando las luces menguaban, arrasando con la campera de cuero roquera negra que aún no se había dejado en el guardarropa y ventilando ráfagas de perfume cerca de la barra en el dejo simbiótico de un guiño y media sonrisa al barman.

Mientras el paso torpe continuaba para algunos, y otros acortaban el tiempo tomando un aguardiente, desde el fondo y entre matices se escuchaba descender el ritmo, en serie, se atenuaban las luces casi en su totalidad y estallaban los parlantes aireando el lugar con ondas sonoras suaves propagando de a poco el golpe de batería que daba comienzo al momento álgido de trasnoche, bailar los lentos. Entre tantos sonidos surtidos se escuchaban algunos gritos de las señoritas causa del nerviosismo de tan impactante suceso, dispuestas a conquistar con las minifaldas de jean y botas bucaneras estilistas de piernas, la mirada de los hombres hambrientos de endulzar los oídos. Ya plantados en su corral, y mitigando la vergüenza, los corajudos se acercaban a preguntar nombres, y en la excusa de no escucharse por el ruido desnivelado, los cuerpos febriles se rozaban sin querer, avistando el cruce de un abrazo atrevido que envuelva con bravura la cintura esquivando el riesgo de un empujón actuado; otra casuística era la producción del milagro, que auguraba el festejo del triunfo de unos brazos enroscados en un cuello, con el sutil apoyo de un rostro que acariciaba los hombros embelesado por el aroma. Pero ese no era el acto más titánico que les aguardaba, sino continuar después de esa noche a la salida del boliche con el zoom de una luz más clara donde se revelaba que el maquillaje estaba corrido por el sudor, y el mareo del trago barato de la barra jugaba a la ronda por la cabeza y, si se superaba esa prenda, los teléfonos de cada uno quedaban en los bolsillos del otro aspirante.

Rebobinando parece que fue ayer haber vivido esa película jubilosa, hoy monitoreada en blanco y negro con sus nostalgias guardadas debajo de una alfombra gris. A pesar de percatarse de la rauda mudanza horaria, el ciclón del tiempo no ha podido cambiarlo todo ni podrá hacerlo, hay cuestiones del soldado humano que son rabiosamente impermutables, como la trampa sarcástica que lo arroja a las redes del conflicto con la ira por delante como líder de la manada.

La furiosa ira es una fiel compañera con capa roja que escolta al mortal desde los primeros minutos que llega al mundo en el llanto estresante del nacimiento, envolviendo como la piel al cuerpo estremecido del niño y acribillando al contexto por ser el culpable de un contacto sabrosamente hostil. Impregnada la esencia y nombrándose como una emoción primaria y genuina, la ira se reserva su escape posterior poniéndose los guantes en un rincón del ring, alerta a cuando toque la campana del primer round. Agazapada en su cueva, se la advierte como el escudo de defensa que cubre el sufrimiento desencadenado por los improperios tangibles, resguardando al corazón de la batalla campal que se avecina absteniéndolo de las garras opuestas.

En el conteo retornable de alhajeros de cenizas, se evocan las antesalas de los palacetes reuniendo a los personajes que se apresuraban sobre los sillones mullidos para escuchar las radionovelas de la tarde. Tras el parlante se agudizaba a los amantes que dramatizaban su amor en peleas altaneras, exagerando el enredo de reclamos y penurias incitados por la decepción que suponían los actos de desamor, inclinados a apuntar al alma con palabras directas a la cicatriz más endeble del amado y ocultando en su intención una reacción condecorada de disculpas por el agravio cometido; mientras los oyentes, se identificaban con sus propios horizontes engarzados en una discusión foránea, dispuestos a robar el discurso y ensamblarlo con la vida real.

Sobra por demás, esclarecer qué en los ataques bélicos pasionales, los contrincantes pelean por un lugar premiado obteniendo la razón como laurel de la batalla, olvidando al amor cansado en una platea que se aleja cada vez más de los encantos, por el acomplejado debate que solo admite a un solo soldado invencible, deshaciendo el vínculo dual que los fundía en sus quehaceres. Revisando los diálogos y recalculando las secuencias de amoríos combatientes, se capta que las discusiones se atinaban reservadas e intranquilas para bocinarse en el momento preciso, poseyendo a las parejas que se afilian al desagradable evento por conflictos personales que no han sabido resolverse con elocuencia ni ameno temple, destilando desde un núcleo interno incandescente brasas irritadas hacia el derrotado impune.

En un fugitivo chispazo de coherencia puede contemplarse que cuando enciende la llama entre dos personas, tanto el amor como la ira los toman de la mano en un consentimiento implícito demorando desnudarse según la circunstancia que los amerite. En el hechizo energizante del enamoramiento, a diferencia de lo que se piensa comúnmente, es involuntaria e invidente la elección del amado. Con carcajeo irónico, si se le pregunta a alguien cuál es el tipo de fisonomía que lo atrae, probablemente haga una descripción consciente extravagante y luego se presente con un partenaire de otra cepa derrocando en su contrario a todos los rasgos descriptos. El sabio y misterioso inconsciente sabe elegir desde su madriguera sigilosa perfectamente al pretendiente que coincide con él, imposibilitando al vocero de explicar qué es realmente lo que lo atrapa, salvo que se tome una poción de retorno a la infancia y el amor y la ira le contesten que algunos rasgos son concordablemente familiares.

Regresando por un rato a los escenarios pueriles de habitaciones coloridas y zoológicos de peluches, no es casual ver a los pequeños con traje de general, desplegando a sus ejércitos en bandos colorados y azules para comenzar una lucha coronada de gloria, aspirando a recrear entre tantas variables escenas vistas entre sus progenitores. En esa fase inofensiva el niño juega para simbolizar y entender qué es lo que sucede en su ámbito más amado descansando en su aventura lúdica la secuencia vivenciada, sin sopesar la idea que quienes lo amparan son un hombre y una mujer aparejados arquitectos del hogar donde él se aloja y, que ser testigo del ring en el cual el dúo se enfrenta en peleas cotidianas, lo posiciona en el lugar de trofeo estimulante.

Rebalsando algunos años la primera década, el púber adolecido se prepara para salir al entable de sus propias relaciones, paleando desde la ignorancia los conflictos que lo han involucrado en su resplandeciente etapa infantil. En la reincidencia ciega de los pasos, es un repertorio probable que en la disco de los mejores hits mundiales, se tope con una señorita que haya jugado un análogo juego, reconociendo en un viciado aperitivo charlatán, una historia semejante de pleitos, haciendo de la yunta un reencuentro sinfónico con el pasado soterrado. Es difuminada la alianza que prende la discusión entre los participantes, sea quien sea el sobreviviente de las trincheras, el anzuelo será mordido por aquel que comparta desde un lugar no sabido, el mismo tinte picante y belicoso.

Cuando la ira es la comunión diaria de los partenaires, el reflejo del deseo puede quedar archivado desplazándose hacia terceros comprendedores del desbarajuste pasional, quemando la capa roja en satisfacciones imperdurables, pero románticamente apacibles. Las infidelidades son las oradoras de los gritos del deseo que se consume con la saña de los enamorados agitando una verborragia hiriente y reaccionaria, rompiendo el ideal y la confianza firmada en un pergamino contratante de respeto mutuo. La pista para resolver la adivinanza de los triángulos amorosos, no son más que los resabios del aniñado general entremedio de sus padres en la faena de quererlos separar para lograr el amor de su pecho, compitiendo con rudeza en un ring de lesiones dolorosas.

Las estaciones mutan y los anfiteatros para desatar las peleas han ido suplantándose para recrear las diapositivas experimentadas enfundadas de olvido. En las antiguas construcciones se acostumbraba a edificar estilados zaguanes, siendo los cuartos públicos conservadores de la intimidad de los novios que batallaban susurrando entre dientes, cuidando que el resto de la familia no se desvelara. Era muy factible también, que luego de emitirse la factura de créditos y deudas, el beso sellador llegara como destino reconciliador proponiendo una vez más la visita apaciguadora, consintiendo que en esos enfrentamientos coyunturales de hipotéticas rupturas, no había estrategias para seguir en comunicación si no era a través de un llamado telefónico o planificando una osada búsqueda desconcertante en alguna puerta donde el enamorado pudiese permanecer, recurriendo a las agallas de causar sorpresa ante la aparición y desafiando el temor de los efectos secundarios. En algunos acoples novieros, la sonrojada capa roja adopta el rol de ser un separador entre los capítulos de una historia que se jacta ser escrita de a dos, proponiendo macabramente la reescritura del final y la compra de un nuevo ejemplar prometedor de una felicidad dichosa. No hay dudas que el amor puede tomar otro rumbo cuando se relega y desprotege de su calidez, huyendo acuchillado por los señuelos de un ofuscado que intenta cambiar a su par en pos de una mejoría anhelada, logrando devotamente caer en un badén de arena movediza que abandonó sus bases cementadas.

Modernizados los esquemas de catarsis, mientras los diarios íntimos amarronados reposan como joyas en los canastos de despojos, la web reclama a sus visitantes publicaciones de picardías que enreden en algún opinante la interlocución de cataclismos, sorteando y evadiendo al estimado rimador que perdura en la disputa vacía de un chateo aburrido saturado de iracundas frases hechas. Vanidosamente en esta amalgama superflua de comunicarse se destruye la opción de una precipitada visita carnal que propicie un auténtico diálogo reparador de las ofensas, desperdiciando al amado en una rifa de admiradores dispuestos a ser el consuelo orgulloso de una amistad deshabitada.

Es imperante no menospreciar a las porfías como protagonistas de las dependencias pasionales, éstas pueden indicar radicalmente la insolvencia de una pareja que está en su desenlace o en la reinvención de otra ilusa y oscura oportunidad. En los estanques musgosos de opciones obsoletas, se pretende continuar con relaciones agónicas que solo deterioran nuevas perspectivas y enquistan la voluntad del sujeto en brindarse a un mineralizado romance. Las rotondas irascibles y coléricas reproducen un casete plagiado de palabras litigantes que no comprenden límites, excusando el momento de tensión en los errores ejecutados por la alteridad, abanicando el estallido de una contienda provocada por la falta de mansedumbre recostada sobre la tumba de una reconciliación culposa, e instigando a una luna de miel de limbos fluctuantes en la apariencia de discontinuar el talante circunferencial violento y destructivo.

A ningún soldado le es primicia la esquela que las parejas pugnan y son fracciones de la esencia vincular, lacrando en actas la obviedad realista de balancear pensamientos disímiles, sin embargo, existen imágenes simuladas de espectros felices, que hunden en la sumisión a la posición más débil revolcándola en la súplica de no desangrar pavorida en la resistencia que con destreza fallida protege al dominante. En cuantiosas represalias los detalles cotidianos son los delegados de exponer sobre el mantel el compendio de traspiés permisivos de la debacle, cristalizando a un alma desarmada que intenta justificarse, por las fallas adjudicadas de un gigante que no recapacita sobre sus propias miserias.

El canal itinerante por el cual los sujetos buscan a su alma gemela, no es el responsable del enganche de la red que los une, sea a través de la web o de un boliche de moda, el engarce se ejecuta por conflictos que los espejan, admitiendo encontrarse a la misma altura de las circunstancias emocionales inscriptas en los laberintos inconscientes, codiciando traducirse en la voz ajena.

En el imaginario social se significa al amor como la bondad curativa de los injustos desengaños, cuando en verdad no es el amor en sí mismo lo que sana, sino el justiciero que lo porta e implementa en sus actos gestuales, proclamando en sus pesadeces a otro ser que abogue por su honor. En cada affaire abolido, el soldado repudia al amor como el reo solidario de su tristeza, apresándolo en su recluta prohibiéndole emanarse, sin recordar que, si se apuesta a él es porque se confía en su entereza, sin precaverse que hay seres que no lo conocen y jamás lo conocerán si lo desertan.

No todo está perdido para el amor y las parejas aunque los relojes troten velozmente, el pasado puede reconstruirse arqueológicamente a través de la pitonisa palabra en su magna aptitud de desenmarañar aquellos conflictos que hacen del andarín un padecimiento errático. Repetir es un verbo que al sujeto le es inherente por la vital realidad que anuncia que no se podría coexistir con angustias constantes que irrumpan en el pensamiento, tal es así, que el sujeto más que recordar los eventos torturantes, los actúa fidedignamente, y es en ese actuar que se exige un acto de valentía y astucia en la potencia de preguntarse por el lugar que se ocupa en los vínculos y cuál es la responsabilidad en la generación de sus telones teatrales.

Más allá de las historietas personales que el personaje se orienta en revivir, cada sujeto está condicionado por la cultura que lo empapa desde su llegada de París y por la familia que lo recibe desde el minuto cero de su reciente respiración, configurando a los adultos como garantes de sus propias acciones, que se tienden calmas en la certidumbre de que no existe una determinación fija que bloquee la posibilidad de futuros acuerdos de pareceres heterogéneos. La cuestión es que a muchos soldados no les complace sostener el juicio que los involucra en la novela como directores, resguardados en el sofisma que predica cambiar al prójimo sin mediar el acto de proeza que significa cambiarse a uno mismo. No se trata del trueque alentador de sustituir a los amantes, sino de alterar la elección que el inconsciente se encomienda por defecto, convocándolo a la consciencia que se resiste a su verdad, en la convicción de rearmar las piezas del rompecabezas que dispuestas y disponibles se encaminan para pintar otro paisaje menos sufriente.

No existe mortal que no se defienda de la angustia, llamando a la ira como flecha disparadora que protegida en su capa lanza dardos de rispideces en un acto de sublevación aguerrido, desdibujando al combatiente en su sensato sentir. Las palabras se humedecen de la energía del hablante, y según que emoción las embeba, se desplegarán situaciones llenas de luz o de mortíferas penumbras. La vida también ofrece repeticiones de compartimentos placenteros, pero el humano tiende a ensuciarse en aquellas que acicatean el umbral de la paz, victimizándose de su oscuro deleite y encerrándose en la perpetua querella. La capa roja se divierte en los caldos de cultivo que las parejas tuestan en la hornalla de las penas, mientras el romance se enfría en el refrigerador de las sábanas blancas. Solo abrigando al amor, la ira se erosiona derrotándose en su propia quema.

Hay redes y redes, pero solo aquellas redes que se reconocen, se enredan en las redes de sus nudos enredados; desenredarlo, es la misión del enredado que se enreda en su enredada luz. Está claro entonces, que es hablando como se hace el amor.

- Mi amor, necesito hablar con vos.
- Yo también, te busco a las 22 h y tomamos un café.

Te clavó el visto!

Qué cosa sospechosa la del WhatsApp, porque por un lado te permite la comunicación instantánea y estar interconectado con el mundo, pero por el otro se utiliza como dispositivo de control que alimenta una persecución cuando de relaciones amorosas se trata. "Últ. vez hoy a las..." es un dato que los agentes utilizan para inicio de reclamos, "en línea" la prueba de que no están hablando con vos sin ser ese el trágico problema, sino con quién está chateando es la cuestión, entonces comienza la cuenta lógico matemática desde el momento que lo viste en línea y que no te habló, y la "últ. vez hoy a las..." que dejó de hablar. La máquina recalcula que hacer o no, si escribir o no hasta que lo ves en línea y resolvés lanzarte con el mensaje más ridículo que podrías haber pensado pasmado a la pantalla a ver si te lee; tilde gris, dos tildes grises, dos tildes azules ¿y la respuesta?, esa respuesta contesta a tu pregunta: te clavó el visto.

Saquen una hoja y escriban cien veces: no debo desconsiderar al otro.

¡Cobarde! Regresar a retomar la ruta desistida es un gesto solemne, nadie pide un acto de genuflexión en el río del olvido, pero tampoco escapar en cohete al ciberespacio, estrechar la mano y dar algún tipo de explicación que por herencia trae consigo mentiras piadosas es una resolución para no ser tan sádico.

¿Está bien o está mal? No solo se trata de una razón moralista, sino de una ética que apunta hacia lo correcto y sensato, aunque lacere. Que el silencio habla no es ninguna noticia de tapa, sino pregúntenle a las maestras de jardín de infantes qué sucede cuando no se escucha el barullo de los niños. Callar es otra de las opciones y es a través de una sentencia con talante de "mejor callar" y sirve para no revolearse utensilios o armas blancas, pero otra cosa es utilizar el silencio por falta de valentía y arrasar con los actos de grandeza que van en detrimento de la despreocupada maniobra de quienes esgrimen le tecnología.

Se llega al mundo con una lengua a veces muy larga y bífida, y si miran de refilón se puede notar un par de bolsitas con suero ofídico, pero gracias a su modulación se pueden comunicar con otros personajes que, por obviedad, se exhiben maliciosos engendrando encontronazos, de los cuales mejor alejarse para que la discusión no sea una cinchada, mientras con otros, lo apacible puede ser parte de una vagabunda caminata. Nada de quedar bien parado es una obligación, pero si en alguna fecha te sentaste hablar para lograr tus propios cometidos unilaterales, una vez logrados la delicadeza tendría que ser pieza de la ceremonia; que quiero decir, que si se entró con un corcel, mínimamente hay que comportarse como un buen jockey de academia.

Los mortales viven llenos de alegorías y literalidades para hacer de los murmullos un teléfono descompuesto inacabable, sembrando películas frondosas en las fantasías que se arman con las multifacéticas sílabas de amarillentas leyendas urbanas, osando del descaro de ni siquiera confesárselas en privacidad. La palabra alivia, es su gran cualidad, y se pretende su zumbido para compensar las teorías más sufrientes en los desaires amorosos. Es muy común matricularse en la justificación de las justificaciones para no ver lo evidente frente al sopetón de la cruda realidad, donde los argumentos creados son surtidores de fábulas vulgares consecuencia de una lucidez intelectual omitida; mejor creer que no responde por timidez, que digerir el mal sorbo de la indiferencia, la cual se termina supliendo por unos cigarros o paquete de galletitas. Por ende, cuando alguien que te interesa solo es capaz de clavarte el visto como si con esa precariedad tuvieras que entender que el verso rimado necesario para abrir el capítulo por merced, ahora se cierra con silencios sepulcrales, tu mente empieza a divagar en un vacío inexplicable recibiendo golpes en el plexo solar que estaba abierto para entregarse. ¿Cómo entender esa parte chiflada de que hace un rato se era compañero de equipo de alguien y hoy no te saluda? en apariencia el presente quedó solo. Los invito a que busquen en Youtube una canción que se llama "Esos locos bajitos", y escuchen melódicamente la frase: "eso no se dice, eso no se hace, eso no te toca"; agregando que lo que no se dice son ciertos desatinos, tanto para el otro como para uno mismo, lo que no se hace, es interceptar la boca y esconderla a beneficio y, lo que no se toca, es la dignidad; de paso disfruten la canción que es extraordinaria.

El WhatsApp es un torreón de inspecciones del cual la mayoría desbarranca por la paranoia que le causa la contabilidad horaria registrada en los móviles suministrando dos resoluciones: cercanía o lejanía, porque si se quiere estar cerca de la persona se la siente a través de un audio o mensaje, y si se quiere estar lejos viene bárbara la opción ajustes, cuenta, privacidad, y en confirmaciones de lectura, desliz con el pulgar y queda todo el conjunto prolijamente no leído, con lo cual el mensaje lo tiene que entender quien está a su espera.

Internet propuso una tirana secuela la cual chantajea y está bastante naturalizada como el pan de cada día y es la irónica arritmia sobre el tiempo. La rapidez o lentitud de una contestación o atisbo de ella, concluirá en las locas ideas sobre el interés que el destinatario entrañable pueda tener al recibir noticias del emisor imprudente, produciendo el altibajo bipolar que la situación promueve traducido en un pensamiento creado por la marañosa cabeza exagerada con respecto a lo que sucede, es como si el foco del ida y vuelta estuviese puesto en el tiempo y no en la calidad de los mensajes.

Qué añoranza los ayeres de ayer, cuando las relaciones eran epistolares y se admitía que la respuesta podía tardar meses en llegar desde la punta de un país a otro con el océano mediante en lerda navegación, haciendo de los minutos un tiempo invertido en el aguarde que hoy por hoy no podría sostenerse sin generar una expectación tóxica, siendo que en el ahora si se traspasa un minuto en la réplica, es porque alguna especie de catástrofe irrumpió; pero todo es parte de la carrera infernal temporaria y de los innovadores pensamientos modernos.

Un poco de tilo es recomendable para bajar los decibeles de los citadinos que diariamente no consiguen regular el estrés, también para algunos es propicio hacer un poco de *flashback* y reposar en las buenas costumbres argentinas que extraviaron su vigencia. Una porción de este alud asiduo aparta a los ambulantes de la pista, esquiando en la desconfianza e inseguridad, tocadas por un amuleto negro que comparte bromas en complicidad con la desidia solapando un profundo malestar.

Los derribos en baches de sujetos errantes, responde a no tener un registro del daño causado, en donde hasta a veces se goza de la mala suerte ajena que sirve para no sentirse tan empobrecido en el karma, pero cuando le toca al participante, se saca de la biblioteca nacional bloques de libros saturados de proverbios chinos para hacerlos valer ante la injustica que el prójimo ocasionó. Se ausculta mucho de estos prólogos según de qué lado de la tangente se ubique la perspectiva; adiestrar no le hagas a los demás lo que a ti no te gusta que te hagan mientras se sea el dañado es una de ellas, pero cuando se está en el banquillo de los acusados el veredicto es otro, y se entonan prosas que dictaminan egoístamente "soy libre de hacer lo que quiera"; en fin, según la conveniencia objetividad y subjetividad se personifican.

Los búhos se coordinan en bandada y cantan que la cobardía y la desidia son disidentes de la valentía. En los expedientes sagrados de los valores se podían detectar actos que valían por su honor, más no sea en esos cinco minutos que auspicia el refrán, pero convivían dentro de los establecidos comportamientos humanos y aunque no fuesen locutores de hazañas muy lícitas se transcribían en hechos fácticos.

La borrada ventajosa de los actos guarda en su maletín la famosa cláusula "ir a los papeles" enfrentando el viento en contra que predicaba firmar y afirmar que el deseo estaba bien puesto sobre el taburete festejando que no había escapatoria ni excusa. El actor pensante sabe que lo seguro es efímero y sería cándido creer que la vertiginosa existencia es determinada por contratos vitalicios y pactos irrompibles, eludiendo que las declaraciones pueden fragmentarse o modificarse según la bienaventuranza que postee la inestabilidad y lago de indecisiones de los partenaires, los cuales se defienden recluyéndose en el amor eterno estirando el ideal por más destructivo que sea; pero el kit de los negocios de acuerdos puede resolverse o quebrarse continuando con la integridad sin rozar la degradación si se conserva la entereza, la cual es conocida cuando el enamoramiento toma otro rumbo. Siempre el enamorado quiere cumplir los sueños de su amado en el afán de que todo lo dedicado regrese multiplicado llenando el estómago de mariposas y maquillando el ego, pero cuando el amor compra un ticket a otro puerto y se suelta amarra, cae el disfraz y se ve la intención a cara lavada, o no es común reconocer que cuando los improperios de la ruptura les abofetean uno se dice por dentro: "nunca se termina de conocer a las personas" o el célebre dicho "cómo no me di cuenta" y sentirse un estropajo ante la escena que se desató de repente.

Mientras tanto y para no perder la habitual usanza los vigilantes siempre coexistieron en las veredas de los barrios, salir a la cuadra y encontrarse a chismotear con los vecinos o asomarse por la ventana escondiendo medio cuerpo con la ñata sobre el vidrio, era la veterana táctica de recaudar información como ahora lo son las cámaras de seguridad, malogrando en esos datos y noticias robadas el festín tergiversado del fin de semana, augurándose meterse cuan juez nacional en los secretos de algún despistado. Qué record infame se batía y se bate en señalar al otro con el dedo desde una garita ante las presuntos sitcom sin ocuparse de la propia vida, haciendo de la envidia el banquete de una aburrida soledad sin capacidad alguna de replantearse un lugar.

Con las mareas revueltas hoy los vecinos se arman grupos de WhatsApp encadenando el disturbio, que en caso de que atosiguen se los silencia para no atiborrar la mente que se desordena con tanta orquesta ruidosa, pero es verdad que cuando el rumor se hace compinche de los histriónicos, el radio pasillo no frena y el mensajeo pasa a ser lento, arremetiendo a la opción del audio consintiendo lo más práctico y alígero comiéndose la completud de las oraciones y transformándolas en abreviaturas hilarantes que provocan desmayos de asombro, sin descartar a los otros grupos que mandan cadena de favores para recibir un milagro dentro de diez minutos si se lo enviás a doce amigos y al que te lo envió; concluyendo como truco final, que la tecnología sustituye estrategias, pero no la intención sugerente.

Infectándose de noticiones el cotorreo también produce insomnio, estar en línea a las cuatro de la madrugada propicia la próxima discusión a eso de las ocho cuando sale el sol si es que el amado no está durmiendo como corresponde, ventilando la postura que asume que el deseo de estar con alguien es sinónimo de necesidad imperiosa, absorbiendo al ser como murciélago a la yugular y comprándolo como propiedad para sobrevivir; estimados, amor y deseo no son pulmotores ante el sofocón de vacilaciones.

Una acción basta para la muestra, si ciertamente la actitud es lo que vale y el acto lo que desemboca en la esencia originaria, no poder ser libre de ataduras en una relación profetiza la colisión al desencanto inminente y crítico, rompiendo con los pactos de lealtad y confianza. El miedo a la aparición de terceros en una pareja adelantándose ficticiamente a la infidelidad, ratifica la poderosa vigilancia como si todo pudiese fiscalizarse, intercambiando figuritas repetidas en cualquier época o circunstancia con el plan falaz de asegurarse el amor del otro.

Como válvula de seguridad le damos un enérgico parabién a los celos, que al parecer son divertidos y andan por ahí confrontándose en una superficial declaración romántica al ser amado, demandándole reverencias interminables y valses en vela alentando al amor incondicional e infinito, enmascarando una retorcida falta de amor propio de quien los posee. Para jugar al juego de adultos los celos pueden entrañar un poco de hedonismo y vodka al bar del dormitorio, incorporándolos entre las almohadas como indicador fiable que advierte el entristecido registro que se puede perder al personaje amado, pero si el regodeo repercute en los excesos, puede desembolsarse un gran sufrimiento para ambos, para el rebuscado celoso y para el celado malabarista.

Algunas de las frases son de carácter público e irreductible: no salgas con tus amigos es premiada por Hollywood y por las garitas ya mencionadas desfiguradas sobre el atril de los pecadillos que se abordan en estos escenarios, escondiendo detrás de las bambalinas a la inseguridad como reina de la noche. La consecuencia en cascada providente es que el celado en el afán de calmar a quien quiere ser dueño de su amor, comienza a ceder abatiéndose en un agujero sin fin no consiguiendo más que la retroalimentación de tan oscura acción devorando un falso aire, revolviendo a estos impertinentes que no son justamente el resultado de capullos de adoración invencible, sino los delincuentes de una identidad demolida del celoso que pretende ser recubierta de amor para sostenerse recto con ayuda de un bastidor, acallando quizás su real verdad furtiva que proyecta en el amado sus propios deseos de confesionario en el vidrio refractor de sus ojos, quebrantando el paisaje encantador de un amor sano y férreo.

Desde pequeños y recién quitado el chupete a cambio de un regalo, la mentira es condición y parte del ser que habla, se ve en los gurruminos cuando hacen algún desparramo y los padres vienen a hacerle un test al posible vándalo obteniendo como respuesta los argumentos más creativos delatados en la estupefacción de sus miradas rindiéndose en un escueto ¡yo no fui!, en el credo de suponer que lograron embaucar a sus padres. Esa respuesta que parece tan ingenua de los infantes sigue recorriendo el camino del hablante porque la mentira es el producto de haber podido construir un espacio propio de intimidad, en donde allí nadie tiene entrada gratuita y se puede decir una cosa por otra para no ser descubierto en los desalineados placeres sinvergüenzas. Es una misteriosa elocuencia del lenguaje palpitar en el supuesto que los pensamientos son leídos y adivinados por los titanes paternos, por eso y más, la verdad es difícil de ser aplicada en bruto porque vaticina un descalabro generador del desahogo tanto para quien la expone como para quien la escucha, reposando en su perpetua condición empaquetada provista de ribetes desconcertantes con invención oportuna.

Cuando se condensan dos actores en una pareja espejada fruto de una convicción amorosa, nace un compromiso que les compete a ambos en esa jura implícita que imparten como enamorados de propaganda, en donde se restringe el libre albedrío y las acciones empiezan a hablar por sí solas en jornada de renuncias y resignaciones dormitando en un juicio racional ante el deseo de estar allí, oponiéndose a las facturas de reclamos y ocluyendo la estampilla que los arroja al viaje de un horizonte incierto aunque estimulante mitigado de piedras por el amor que los une, vendados en la preposición que la libertad implica inmensa y asustadiza responsabilidad.

Trampeando los sentimientos y halagando la veneración de bogas personales, no es casual ni coincidencia que en esta era de amores acuosos y reemplazables por individualismos y mercancías baratas, no advenga el compromiso y el anzuelo en el civil como simbolismo valorativo de las filiaciones, traspapelando los rastros de las libretas por noviazgos livianos con salidas de emergencia al alcance, en nombre de los derechos de ser libres y merecedores de una plenitud ermitaña, realzando el bullicio a través de la web.

Solo en la alucinación del moisés, las cuerdas de la guitarra suenan en los latidos y se acepta el miedo como la contracara del deseo, contando el riesgo de yacer donde no hay ley que promulgue lo inmortal. El deseo es golondrina abnegada del príncipe azul moralista que lo encajona en un raspado mueble, juzgándolo en la ética de su aparición canjeable, la cual propone el abandono del lugar de hijo que aclama lo absoluto, por la conversión de un hombre de bien que asuma su concreta madurez partida en pedazos por reveses vitales.

Las ambivalencias son aprehendidas por la mente del fútil humano que responde a su vocación de desgracia, en donde los adversarios hacen fiesta de rencores malsanos para jactarse de una vida provechosa en la ruptura de las copas de cristal de los fervientes enamorados, bendiciendo a los diez mandamientos como guías sacras llorando sus propias desesperanzas. Cuando un hogar dual se protege en sus propias convicciones y respeta sus hábitos aunque las cortinas estén sucias y la alfombra llena de telaraña, no hay tercero que se siente a la mesa. La traición o así se le llama a la mentira piadosa o pecadillo no resuelto, es el secreto culposo del portador, siendo encargado inevitable de su ética consciente en el desvelo de reconocer que su deseo ya no está viviendo en sus promesas; admitirlo lo hace un buen amante de la valentía, antes de que la cuna insaciable y casta se permute por un basural de carretera.

El centinela en puerta no ataja ningún desengaño ni propicia deseos cumplidos, hacer de él un plan siniestro determina la salida del próximo tren. Confianza y lealtad remiten al saber que se puede perder a pesar de la ostia que elegiste dispensar, encontrando en esa amistad mezclada de juventud y adultez el umbral de tu existir incoherente. El hogar ya no es el de mamá, es el propio, sé el único fecundo en respetarlo y hacerlo valer. Ahora apaguen los celulares, así pueden besar a su amado cuando traspase el portal.

#cuerpo

¡Adónde irá a parar!, el cuerpo digo. Hay *app* que ofrecen filtros para relucir una figura más joven y fresca, son innovadoras, porque a las arrugas le agregan brillitos y a las curvas desalineadas le aplican una varita mágica torneadora. Es verdad, la tecnología sorprende, esfuma todo lo exclusivo que caracteriza al personaje a la espera de una imagen perfecta ¿y si finalmente no gusta? no importa, lo importante es que se mira y no se toca. Preparados, listos, ya, #cuerpo.

Las empresas multinacionales no dejan de asombrar con sus planes maquiavélicos y estratégicos para vender sus productos. Hacen con su staff un organigrama de profesionales sofisticados que investigan los pasos para lograr recaudaciones millonarias con el eslogan de contemplar las necesidades de la humanidad. Poseen dentro de los sectores especialistas en diseñar todo tipo de envase que pueda venderse, reflejando sus curvaturas con contenidos sin azúcares, para engrupir la vista de muchos aprendices que recién están dando sus pasos en el mundo de la globalización. De polo a polo el mundo capitalista y despiadado, invade al sujeto de punzones apuntando hacia los nervios ópticos que apenas pueden filtrar la sobrecarga de información visual, tapando animosamente a la voz que afónica se desvanece esperando ser audible en la sensación de avasallamiento.

Se pasa por alto en ésta maquinaria reproductiva de ninguneos, las referencias ocultas de un mundo cuantificado que ensordece al actor en su introspectiva escucha, anulando un pensamiento racionalmente reflexivo sobre el competente planeamiento manipulador que maniobra la imagen siniestra del envase y su contenido, fulgurando un cuerpo esculturalmente bello, pero líquido y liquidado por dentro. Para rematar más la jugarreta, no quedan atrás los mercados que proponen a las nuevas maquilladoras tecnológicas con un neceser de cosmética de última generación, pudiendo intercambiar y borrar rasgos singulares haciendo del hombre un camuflaje plástico que se derrite con un poco de sol.

Si en la autopista se pone marcha atrás, se verifica que en las clínicas psiquiátricas de las épocas victorianas, aún se guardan los historiales que avalaron la prohibición de los espejos en los recintos por la distorsión del campo perceptivo que éstos pueden favorecer, atendiendo las palabras póstumas de un sabio que concluía que el sujeto, antes que nada es un ser corporal. La biología y medicina son alucinógenas, porque se encargan del físico y de sus peculiaridades, olvidando que cuando un bebé serafín sale a la luz de su pileta nuevemesina, el lenguaje lo espera en la guardería del hospital para comenzar a llamarlo por su nombre.

No se hará viral comentar que a pesar de los siglos, la silueta impacta como una escultura moldeada en arcilla ante las pupilas de los mortales, como tampoco saber que sus partes poseen denominaciones específicas. El lenguaje es el encargado de la semántica y la sintaxis para ser entendido en su prosa, pero los voceros discursivos que lo acarrean y comienzan a tallar a través del mismo al cuerpo, son los tutores que reciben al niño a su salida del repollo. Desde el minuto que los padres le eligen su mote, flotando o no aún por el vientre, el niño comienza a construir su identidad culturalmente, poseyendo entre las letras que lo conforman, la energía del amor emanado en la pronunciación de quien lo ama.

Más allá del idioma del suelo al que pertenece, las palabras y los sentidos manifiestos van bordeando al cuerpo delineándolo y esculpiéndolo de emociones, concluyendo que el intérprete es un ser hablado por alguien que lo pincela como si usase un marcador de tono indisoluble. Ese tesoro indefenso que solo emite sonidos guturales, es una pizarra virgen en la cual se va a escribir e inscribir el lenguaje que cotidianamente circula en el discurso coloquial, hundiendo en el cuerpo la huella imborrable que lo demarcará como un sujeto sujetado al lenguaje. Es ridículo para alguien culturalmente ladino pensar que en donde tuviesen que estar las manos se encuentran los pies, pero si esa inflexión parece absurda, es porque la traducción ha sido correctamente implementada por sus traductores, en otros casos, según como haya sido referido desde su inicio el serafín hablado, ese cuerpo puede ser una ensalada de letras.

En las fábricas humanas existen envases de todo tipo y tornasol según en qué parte del globo terráqueo haya germinado la nuez, pero en los libros de anatomía esos detalles son folios invisibles que no se encuentran en el índice. De igual manera, esos manuales son impresionantes, porque exponen minuciosamente con colores definidos, cómo está conformado el físico en su esquema elemental interior, suprimiendo las páginas que establecen que el organismo entalla una fisiología emocional que lo recorre, quedando anónimo en dichos ejemplares. El envase está constituido por ambas características haciendo una fundición única e irrepetible, dando forma al real cuenco corpóreo que con sus particularidades se enfrenta a la discrepancia del mundo, exponiendo a la piel como el órgano más grande y externo protector de las asperezas, que amalgama lo interno y el cosmos que lo atrapa.

Si se corre hacia un tocadiscos y se entonan canciones infantiles de guardapolvos cuadrillé, se inquiere que son fantásticamente eruditas en sus mensajes, porque transfieren desde melodías muy divertidas palabras que nombran al cuerpo y a su vez lo cualifican, sin dejar en el camino pedregoso a las canciones románticas de camisones de seda, que destacan qué ante un desengaño amoroso, se corta la respiración. Esa unión que se conserva en las canciones, es la pauta que visualiza a las fisiologías emocionales que responden a través de campanadas retumbantes las palabras no dichas. El cuerpo habla en su jerga, es como la mímica de Chaplin que gesticula queriéndose hacer entender, pero saber escucharlo es una obra dificultosa cuando no se lo estima como un recipiente que incluye a los cinco sentidos, rociado tanto del amor como del odio con el que se lo ha pintado osando unificarse con esas letras que lo describen.

En la génesis hogareña, el soma no solo fue hablado, sino alimentado, vestido, dormido, tocado, también fue cuidado cuando estuvo enfermo y en cada uno de esos actos las impresiones fueron cultivando epígrafes. El primer alimento es succionado y a su vez brindado, y en esa introyección no solo se incorpora el nutriente, sino el amor que lo adhiere. Luego de abandonar el pecho por la obviedad del desarrollo, se empieza a deliberar todo aquello que lo sustituye, no solo con objetos constructivos, sino también destructivos vendidos en el almacén del pueblo.

Son cuantiosos los modos de reemplazar a ese pecho que causó el placer del roce con otra piel, pero algunos que se introducen dentro del envase, van matando de a poco el aliento. En la era del consumo en donde a las personas se las cosifica como embudos tragamonedas se producen chatarras que enferman en alma cuando se las introduce; las adicciones son un gran estereotipo de modelaje para llenar el recipiente corpóreo menoscabando el foco emotivo que las acompaña.

Las sustancias a consumir reflejan la falta y sustitución del pecho que ahora quiere reencontrarse, buscando animosamente productos que convoquen a la fricción de los labios y a su incorporación inmediata productora de satisfacciones. En el inaugural llanto cuando aún ese cuerpo era una explanada silvestre expuesta a ser dibujada, los arabescos que se iban incrustando aún no tenían un significado consciente para el niño. Ya inmerso en el lenguaje y entendiendo su eficacia, esos arabescos se resignifican obteniendo un sentido cultural, que según sea el sentido con el cual el lector los analice, se reemplazarán frente a las infinitas opciones ofrecidas rememorando ciegamente al pecho en su actual adicción. Para desencadenar tal destrucción, en algún lugar del inconsciente debe esconderse ese pizarrón escrito lleno de letras individuales que no han podido conformar oraciones, enmudeciendo la voz en la recopilación de datos necesarios para traducir tal vacío mortífero y existencial; adicto significa "no decir", y en ese no decir el cuerpo habla construyendo malestares físicos por traumas afectivos que no han sabido traducirse.

Google honorificó el juramento hipocrático, porque es el médico cibernético que expone todas las soluciones a todos los dolores del alma, en su insolencia espacial, propone links que estadísticamente detallan la parte del soma dolida en correlación con la turbación que los une, descartando al precipicio al profesional capaz de escuchar a un cuerpo que aúlla, pero recolectando sumas de dinero inconmensurables en publicidad. Se destapa en consecuencia, que hay núcleos denotados del hombre que solo se predestinan a transformarse por los caudales de mensajes erróneos, que hacen fama de la superficialidad moderna dejando exhausto al cuenco que obedece a los parámetros sociales de salidas inmediatas, sepultando la casa de la infancia como estancia nuclear que a través de su peculiaridad construyó la mente y el cuerpo como unidad. Es desacreditado y más que desprolijo conjeturar la universalización de las enfermedades siendo que cada individuo es singular en su propia evanescencia, sin embargo, la pluralidad de las sustancias tóxicas ingeridas para llenar los vacíos del envase, son la porción líquida de las empresas multinacionales que no descansan para vender, ofreciendo ilusiones de completud y perfección de un retrato que perece en el espejo de los negocios capitalistas, aseverando la masificación de embustes satelitales.

Recorriendo la mitología griega en viejos libros o en alguna wiki, Narciso es el joven conocido mundialmente por ahogarse en su propia imagen, haciendo decoro a su nombre por las flores que nacieron en el lugar de su muerte. Hipnotizado por su contorno se recuesta y observa el agua donde se refleja la foto de su belleza, no solo valorada por él, sino por las voces de las ninfas que adulaban su perfección, por ello, en el encandilamiento de su propio enamoramiento besa su boca en la sustancia acuosa, que lo hunde al fondoególatra perdiendo la batalla de la efigie perfecta. Después de ésta resonancia mitológica, es confiable conjeturar que el amor propio surge de las amorosas sinfonías ajenas inscriptas en la pizarra, y por la propia tasación de un espectro uniformado en el espejo que se conoce y ama a sí mismo por su individualista y pertinente rozamiento.

En la esfera dietética moderna, el lenguaje se ha convertido es un conferencista plagado de vicios que describen momentos mixtos con el sentir colgado a su alrededor silenciado por el pecado de una sensiblería percudida, entrenando versos ilustres que se matriculan para disparar al flanco del envase con los aires de venganza saldados, sin embargo, en algunas poesías retorna la percepción de seres devastados por la traición exponiendo la frase de la acción criminal tan sufriente y sangrante como un puñal en el pecho, recalcando que el organismo es una metáfora colmada de sensibilidad, bautizando a sus órganos como coristas vivientes que padecen de los fonemas explicitados rompedores del epitelio protector que resguarda al corazón ante la afección profunda de los léxicos en auge.

No ser un interlocutor de la propia talla sobornándola a su silencio, gesta y reproduce enfermedades consecuentes buscando la solución en consultorios atestados de vademécum, acordando entre médico y paciente la resolución alopática que disuelve el eco de su sonido y guardando en la cartera la receta que habilita a la pronta curación física. Lejos de menospreciar el poderoso alcance de la medicina, se intenta involucrar a las emociones dentro del prontuario de los desavenidos males, aunando las disciplinas para curar el cuenco monopolizado por las medicaciones y los mercados dogmatizantes. Por fuera de los ámbitos altruistas, cantidad de seres creen que el alma no existe, hasta que duele y se hace escuchar; ese foco de fuego que se encuentra por fuera de las facturas y los remitos mercantilizados, resuena sollozando para ser auditada en su valía, respondiendo en el revote de los órganos que se afligen por ella y su inminente apagón.

A pesar del intento delictivo que algunos malversados hacen de las redes, es imposible negar ante la inteligencia, que las secuencias de padecimientos son propiciadas por un ánima única con su aura, mente y físico alienados, desoyendo la fútil idea megalómana de desafiliar al sujeto de las aflicciones sensoriales por ser entes impalpables, y asegurando que son soberanamente vitales y resonantes. Hay considerables interlocutores del cuerpo que lo auscultan a través de un fino estetoscopio sensitivo, restableciendo mediante la palabra el bucle del abecedario organizando frases y oraciones entendibles que puedan ser admitidas por la consciencia, desabordando locuras existenciales como el vacío adictivo que las borra cínicamente. Cuando se desanuda el acertijo que el medio interno realiza en su idioma y se traduce hacia lo cognoscible, el mortal comienza a sanar de a poco aliviando su cuenco anonadado por esa forma elocuente de comprender que lo hace libre.

Según las creencias al cual el actuante confronta, se destaca la influencia de las energías que electrifican al caminante en su galope, decorando la existencia según la calidad de los pensamientos que lo apremien. Es una efímera inflexión racional, inferir que las energías hoy veneradas en positivas y negativas, son llamadas de diferente carácter según el piso donde el pie se luzca; para la religión sus opuestos son Dios y el diablo, para los físicos cationes y aniones, para el psicoanálisis Eros y Tánatos, y para otros simplemente la vida y la muerte, lo que revela que el lenguaje va a calificar el mismo signo con diferentes seudónimos según la fe con la que se profese. La palabra está envuelta con energías vibratorias, y sea cual sea el micrófono elegido con la que se la quiera mortificar, es una herramienta puente entre el fondo corporal acallado que necesita hablar y el exterior dispuesto a escuchar para descifrarlo y recuperarlo, confiando en una traducción homóloga bien acertada.

En algunas remotas décadas, cuando aún las máscaras no habían colapsado el planeta, las películas eran reconocidas por la música que las escoltaba, con lo cual destacaba tanto a los ojos que miran, como a los oídos que escuchan. También se recuerda que los mercados estaban impactados por otra realidad que suscitaba botellas uniformes, que no respondían a ninguna curva ni empaquetamiento exagerado, con la intención subyacente de mostrar mediante la publicidad, los cánones de belleza impuestos desde el capital corriente con conciertos promocionales atrapantes. Si regresamos a otras edades como la media, observadas en el arte de los cuadros, las mujeres pronunciadas en pesaje respondían a una clase social elevada a diferencia de aquellas que sus pellejos se avistaban de lejos. Dicho esto, es impecable el plan que ejerce la sociedad financiera al querer moldear a sus lacayos según las conveniencias del mercado, haciendo de la cadena mortífera negociable zombis de su propia estirpe, convirtiéndolos en marionetas de formas curvilíneas que dependen de la etnia top publicada en la web, con la venta por delante como propósito emergente bloqueando el oído escolta en su desplazamiento y exacerbando la mirada perdida en flashes platónicos. Posados en la misma escena, pero escalonando otro escenario, en las relaciones amorosas la fisonomía no abandona su protagonismo, regulando tras su genuina belleza el primer contorneo configurado que impresiona a simple vista y eliminando a la voz en sus timbres vocales.

Frente a un iris consumidor, los reconocidos confeccionistas de ropa repercutieron como ávidos comerciantes mundiales aparte de poseer enriquecidos gustos por las telas que empaquetan a sus modelos, utilizando una geometría meneada para impactar a las clientelas y redoblar las ganancias de su inversión. Con el objetivo puesto en marcha, la vestimenta pasa a ser un simbólico maniquí que reluce el porte de las diferentes clases sociales, discriminando en paneles las posibilidades recaudatorias. En las altas cumbres es probable que si una dama no lleve los tacones que salieron a la venta de las mejores marcas y use alguna moda de la temporada anterior, se la estigmatice con la estampilla de exclusión, solapando tras un viejo traje, el trazo real que lo ajusta en su cadencia.

La segregación que abruma al actor itinerante por no responder a las exigencias ambientales, hace del envase un objeto descartable y no retornable, suponiendo a su alma como la liquidez que se produce en las máquinas, cauterizándola del espíritu vivaz que la contempla.

Ese cuerpo hablado también por las corporaciones, intenta ser amado según su mirada y como cliente se responsabiliza en responder a la demanda para ser integrado en los patrones culturales vigentes, desconsolando al físico en su propia escucha. Es común en la vorágine corriente que los cuencos se alimenten del estrés que corre en un mundo acelerado, requiriendo montarse en un corcel para ganar una carrera inexistente y fastidiosa.

Imaginarse nadando en aguas turbulentas ansía el paso lento tranquilizador incompatible con la era actual, tal es así que cuando internet no va a la velocidad convenida por algún desajuste técnico, la espera se hace enemiga y el mal humor comienza a asomarse, propiciando la ansiedad como manifestación corporal en boga. Amerita repensar sobre el tiempo cuando los segundos de espera son martirizantes, admitiendo que las agujas siempre se movieron en el mismo sentido y espacio y asumiendo que es la mente la que juega competiciones incesantes para alcanzar una meta yerma.

Las burlas y los comentarios están a la orden del día, quienes no se asemejan no son parte del conjunto, aislando al ser de su cáliz interno para ser calificado como mercancía barata canjeable por cualquier baratija. Los supermercados y los cirujanos estéticos son virus de gran consuelo y quitapenas, sirven para integrar al ser a la masa del consumismo con tramitaciones expeditivas, sabiendo que el primero que quiere ingresar a la era del vacío, es el sujeto que ha quedado insustancial por dentro, creyendo que cambiando su imagen su alma se llenará de fertilidad. Es maravilloso verse en el espejo y gustarse, pero la moda peca más de gustarle a un tercero, y si no se tiene plata para el lifting Photoshop te ayuda.

Es denigrante el terremoto mundial al cual tiene que amoldarse el cuenco, acomodándose a los avatares imperiosos para no morir y aceptando ser renombrado por sociedades salvajes que modelan al ciudadano como consumidor de toxinas. El vaciamiento subjetivo que los seres sienten es el propósito capitalista, mutando un cuerpo que perdió valor por un envase vendible por su etiqueta, que expuesto como una figurita se descuida de posibles ataques perjudiciales.

Es sustancial y esperanzador comprender que, aunque las inscripciones se hayan hecho en tinta indeleble y éstas no puedan borrarse, tengan la magia de poder cambiar su significado gracias al monstruoso jefe que es el lenguaje, permitiendo agregar también otros letrados que hagan de la explanada ya no tan silvestre, una llanura limpia de tóxicos.

Cuando el espíritu está alegre vibra en su esencia, con toda su fisiología física y emocional armoniosamente ensamblada para enfrentar los exabruptos faraónicos de una comunidad consumista que se mata lentamente, modernizando a Narciso a través de la web que se esfuma con un hashtag. No se puede evitar el perecimiento esperable, el final está escrito en la estratósfera universal, lo que sí se torna imperante es sentir al cuerpo cuando agradece con noblezas la responsabilidad de su cuidado.

Después de todo lo dicho, ¡por dónde andará el cuerpo ahora! #elcuerpoama

Mi papá es virtual

Cuando alguien le pregunta a un niño sobre su papá, cuenta un poco tartamudeando varias cosas sobre él, qué es a lo que se dedica casi siempre es lo primero, y luego describe con entusiasmo todo aquello que se le ocurra, porque en la infancia, se va construyendo esa imago paternal amorosa junto al lugar que ocupa en el árbol familiar. En la mente de un niño siempre existe un papá, no importa si está a su lado o no, pero algún relato sobre él se configura. En un parlante retrovisor, se escuchaba decir mi papá es ingeniero, es bombero, es Superman y tantos disparates producto de la más dulce inocencia, pero actualmente, es probable que si se le pregunta a un niño sobre su papá conteste: mi papá es virtual.

Traducción novelada del inconsciente de una niña de seis años:

Querido papá:
Es una noche estrellada con luna muy naranja que puedo ver desde la ventana de mi cuarto, ya estoy acostada en la cama calentita porque hace frío y maña-

na tengo que ir a la escuela temprano. Te cuento que estoy cansada de haber jugado con mis amigas a la soga después de haber hecho la tarea, que como siempre me decís, es lo primero que tengo que hacer porque el estudio es importante. Ya comí, me bañé y me lavé los dientes, pero no quería dormirme sin escribirte esta carta que hace un tiempo te quiero dar si algún día nos vemos, por eso le pedí a mi ángel de la guarda que me ayudara porque aún no se leer ni escribir demasiado bien. Estoy contenta porque me dijo que sí, ahora lo estoy escuchando con su susurro como el de todos los días cuando apago la luz y hablo con él, tratando de no hacer ruido porque mamá duerme y no quiero que me rete.

En realidad, estas líneas son porque nunca hay mucho tiempo para que te cuente las cosas que hago ni lo que siento, sé que estás ocupado y por eso no podés dedicarme muchas horas, pero quiero que sepas que me gustaría que estés a mi lado contándome un cuento. A veces lloro cuando no estás conmigo, porque pienso que estoy haciendo algo mal y por eso no regresás a verme, después cuando hablamos me doy cuenta que no es así, por eso, voy a contarte algo para sentirte cerca y soñar que me escuchas desde algún lugar, aunque estés agotado.

Ayer actué en el colegio y me divertí mucho, la semana pasada la maestra
nos propuso actuar por el día de la patria, teníamos que bailar en pareja sobre el escenario y cantar una canción muy linda, yo le dije que quería ser una de las primeras por si podías venir a verme, aunque mamá me explicó que no, porque estás muy lejos y con mucho trabajo, pero yo le insistí a la señorita por si querías venir un ratito. Bailé muy bien papá, me aplaudieron y me felicitaron, no me gustó mucho la ropa que me tuve que poner ni las trenzas que me peinaron, lo que sí creo es que mamá estaba llorando porque la vi con un pañuelito en la mano, pero no le digas nada porque se pone mal. Me sacó un montón de fotos, si querés te paso algunas por mail para que puedas verme y hacer un cuadrito mío para ponerlo junto a vos en la mesita de luz, yo lo tengo en la mía.

Ahora no te preocupes por lo que te voy a contar, el otro día tuve fiebre muy
alta y me asusté mucho, mamá me llevó al hospital porque me sentía mal y ella estaba muy asustada también, le pregunté por vos y me dijo que te había dejado un mensaje. Estuve sobre una cama un rato

y me pasaron algo por el brazo que me pinchaba, pero a partir de ahí me empecé a sentir mejor, aunque me dolía mucho la garganta. Al rato vino el médico y me dijo que eran anginas, así que me dio un remedio feo para tomar y ya lo terminé todo, al final tenía razón y me fui mejorando. Después volví a casa, pero como todavía tenía un poco de fiebre, la abuela me puso unos pañitos mojados sobre la frente mientras miraba los dibujitos animados; además me contó mi cuento preferido.

Papá, en verdad lo que quiero decirte es que te extraño mucho.

Cuando duermo tengo mucho miedo y me abrazo a mi oso de peluche que le pedí a los reyes magos, se llama Yogui, y le cuento cómo me gustaría que en las tormentas fuertes seas vos quien me abrace. Yo no quiero hablar mucho con mamá porque se enoja y después se pelean cuando hablan por teléfono, pero me gustaría saber si vos también me extrañás, porque hace mucho que no te veo y aunque me digas que también lo hacés estoy muy triste. Mis amiguitos me preguntan en dónde estás, yo les digo que estás trabajando lejos y que por eso no nos vemos, pero ya no me creen y se burlan de mí.

MI PAPÁ ES VIRTUAL

Todos los días veo como los papás de mis compañeros los llevan a la plaza o los van a buscar al colegio, también veo como les hacen upa o los sientan en su falda, parecen muy felices, aparte siempre están en sus cumpleaños y juegan con ellos en el pelotero. No quiero que te enojes papá, pero tengo muchas ganas de verte. Este verano quiero irme con vos de vacaciones y que me enseñes a nadar, como tantas otras cosas que no podemos hacer juntos.

Tal vez te aburro papá, pero no quiero que te olvides que me haces mucha falta, por eso me pegunto si me querés, yo te quiero un montón y espero verte pronto, aunque sea un ratito. Me voy a dormir papá. Ya le rezamos a Jesús también. Que tengas dulces sueños, yo voy a soñar con vos.

Canta niña tu canción y nunca dejes de cantar. Esa música versará en los oídos de algunos papás a quienes les amedrenta intuir las penurias de su mocita.

Nacer entre quimeras y espejismos coloreando arco iris con ollas de oro en su final, persiguiendo unicornios corriendo sin cesar por los campos de caramelo, rodando en triciclos de aguanieve sobre vías de tulipanes, atrapando luciérnagas encendidas en lagos de vainilla, rayando cielos con crayones y pinturitas, jugando con duendes y hadas en los fresnos, descubriendo escondites de ninfas y sirenas en los mares, comiendo paredes de garrapiñada tibia con puertas de mermelada de frutilla, saciando sed en las palmeras de un oasis de chocolate y como postre, acuarelas de almendra bañadas en azúcar; de esta estirpe y más, son los pensamientos de los niños morando en el cobijo de un nido inmune, bajo el resguardo de los reyes de su alba, mamá y papá.

Silos de amor y presencia requieren los pequeños para construirse y hacer de su albor la embrionaria escultura mágico animista en aras de una supervivencia meritoria y decente, brotando apimpollados en los hombros de ambos padres como autores encargados de esculpir tan preciado y delicado entramado sustancial, abordando una función crucial en el erigir de los cimientos. Allí germinan las buenas cepas pronosticadoras de una senda frutal, en la proeza de un reservorio de ilusiones y herramientas fructuosas para sostenerse en el estepario permanecer trascendental, instalando una profecía socorrista que conmueve los próximos pasos a seguir.

Vocifera un mago que la niñez es la etapa en donde la imaginación continúa siendo tan delirante como lo era el pecho materno, emanando el enamoramiento inicial de la madre mágica hacia otros instrumentos suplentes tan fantásticos como ella, precipitando el auxilio de la llegada de un papá guardián de la oscuridad que ocupa repentinamente un lugar sagrado.

En ese desprendimiento del ser primordial, el inconsciente se va aparejando con el mundo exterior dando lugar a esos personajes irreales como son los de los cuentos, que levitan provocando terror ante las diabluras cometidas, delegando en el saber de las palabras paternas la custodia de temores e incertidumbres propias de las animadas fantasías, albergando plena serenidad en el seno del niño ante su sensación de indefensión debilitante.

Refiere un genio que no hay necesidad más grande en la infancia que la protección de un padre; el abrazo que suplican los niños, es el imperio del sostén que reluce seguridad ante la fuerza de un cuerpo que lo alza y rodea tatuando la imposibilidad de caer, templando paz y alianza entre esas manos. Migas de estos resabios se renuevan a pesar de las tempestades añales en donde sosiega el recuerdo instintivo de esa escena, y se presiente en el rito del durmiente cuando anhela el roce de las sábanas que hacen de refugio de los monstruos que deambulan por los sótanos. En ese borde liviano que acaricia el cuerpo cuidando el descanso de las ensoñaciones rememorando el calor de un cuerpo ausente, se ahuyentan los cucos macabros fortificando la cepa en el restablecimiento de la fe ante su aparición horrorosa.

Para extrañeza de algunos la palabra infante significa "quien no habla", designando de esa manera al niño y encauzándolo en la categoría de "aquel que juega" por imitar teatros recreados de la impronta familiar. En su escasa primavera, aún esos pichones no han podido madurar el lenguaje y, apenas su cuerpo se endereza y acomoda, lo usan con movimientos torpes, acompañado de algunos alaridos y mímicas para hacerse entender. Es muy intrigante y conmovedor esperar en presencia la primera palabra de un pequeñín, auspiciando su carácter de ser social inminente, aunque recién comience su desarrollo y capacidad idiomática, por eso no es coincidencia que cuando prorrumpe el vocabulario haya manantiales de alegría a su alrededor, riendo en sus graciosas cascadas de preguntas y respuestas.

En los vendavales permutables de tesoros por desperdicios, se naturaliza la premisa que atenta sobre el significado de "hijo", confundiendo tenerlo con la función de ser papá. Serlo es una posición que se construye culturalmente y es un rol a ejercer, aceptando la responsabilidad de traer a un ser indefenso y necesitado de afecto a un paraíso terrenal despiadado, en la comulga de su fértil supervivencia, y en la convocatoria al deleite de su eterno sonreír.

Cuando el astro bebé se desprende del cordón umbilical, y el vuelo de la cigüeña aterriza por propósito divino, se sortea el albur donde los hijos pueden llegar a suplir graves faltas de los adultos y ser objetos de extorsión amenazante para la retención frustrada de seres frágiles. La familia no se instituye con banales metodologías, sino con la integridad de juicio que supone que el nacimiento de un hijo no es estatuto para conformar una rudimentaria unión en desavenencia. La institución familia que ya debe estar creada, es la pareja engendrada en el amor y en el deseo, provista de estabilidad para el crecimiento del fruto en un espacio sólido y fuerte como su primera morada, en la que nadó durante nueve meses como pez. Es gracia y bendición cuando las descendencias llegan deseadas por papás que han construido sus lugares respetándose más allá de la consciencia que supone relacionarse con alguien y la visión certera del apronte de huracanes venideros que pueden arrasar, pero si el abrigo es el resultado de dos amantes a la par que con franqueza admiten las flaquezas propias del ser, nada podrá detener la elección madura de cultivar semillas de rosas.

Es dificultoso y exigente que un niño pueda comprender que la rutina es cemento en el agua que no la deja fluir, y que los padres no son reyes como propicia su mente infantil colmada de ideales mágicos, lo que destaca que cualquier disparador eventual será sentido como un acto de desamor producto de su inmadurez esperable, aunque también es probable que muchos de ellos tengan razón en esa sensación de tiza.

Como excusa prevalente ante los episodios de ruptura con las madres de sus proles, y la incomodidad que genera la visita y el encuentro programado, algunos padres toman laberintos distintos para hacer algo con la crianza impuesta, presagiando que los que fueron traídos al mundo por obligación, sufrirán la falta de derechos por defecto.

La tecnología es un escape para la victimización que perdura ante la mala suerte que proclaman algunos, justificando con despecho la responsabilidad que se declara en competencia con quien alguna vez se eligió aparearse, y en el afán ventajoso de evitar roces desgastados, proponen escudos testarudos a través de una pantalla cumpliendo con su insuficiente figura.

La serie continúa, siendo monótono y decadente el discurso de algunos arrogantes que proyectan remanentes de culpa luego que acaba el aura del lecho, actuando de mártir ingenuo por la confianza brindada al otro actuante, despreciando la importancia de los únicos que demandan indulgencia por no saber y pecar en su inocencia inexperta; se los llama hijos, consecuencia de relaciones infaustas refinadas de imprudencia.

Un poco de alabanzas expiatorias a la tecnología, en agradecimiento por la habilidad que suministra para comunicarse con los chiquillos atravesando una PC, en la ofrenda de emancipación creyente que están en cercanía y en promesa de un amor entero que se augura en sus esencias, multiplicando una tristeza y herimiento imborrable, aquel que se implanta en el corazón de un niño hambriento de ternura y esperanza. Jurar una y otra vez que se los ama y no demostrárselos en acto y actitud, aumenta la imagen canalla reproducida como recuerdo cuando resignifiquen comportamientos en quebramiento de la integridad.

No es una salida viable recurrir a los nuevos modos tecnológicos y cambiarse el nombre a ciberpapá, ese juego solo puede jugarse en la mente de un impúber que aún no tiene consciencia de la traición, que, proclive a la desolación por su genuinidad, estará encantado frente a la ficción apabullante y divertida de una pantalla de colores que le devuelve el retrato de un papá que mira encandilado por la aparición virtual intempestiva.

Ante la impiedad avasallante de la liquidez motivacional, encontramos en el vínculo de padres con sus críos un contexto maquillado que se oculta en la salida fácil de las telecomunicaciones, las cuales no advierten la profundidad del lazo concomitante ni la realización de una crianza. El deseo es imprescindible para la creación de un ser, no alcanza solo con el mandato acatado provisto por la sociedad sobre el concepto civil, el plan desiderativo debe llevarse encarnado para que el día de mañana ese fruto pueda gestar su propia huerta. Si se deja la responsabilidad como una acción liberadora, los hijos pasan a calificarse como despojo vendible ante el mejor postor de subasta, buscando incansablemente esa familia devastada como destino inamovible.

El ser maduro tropieza casi siempre con la misma piedra, y se pregunta por qué el designio de Dios le injurió un peregrinaje tan crudo cuando supone que todo lo que hizo estaba dentro de la moral y las buenas tradiciones, sin poder aunar en comprensión que el azar existe, pero la decisión es personal y atañe un cargo ético en su ejecución. Querellar al otro cuan ferviente criatura en medio de una pelea alimentando su capricho para conseguir lo querido, no es la condición que se pretende de un papá, más allá de cómo haya crecido y escarmentado ante la lista de desengaños inherentes al camino del mortal. Manipular con la pureza y entrega absoluta de un niño hacia su padre, condena al perdón recluyéndolo en la improbabilidad de su aceptación.

Es categórico y sin grises querer obviar la existencia de un ser que tiene la misma sangre, en pos de una vida más bohemia enalteciendo la autorización propia de aventarse de esa realidad. Tampoco se premia la justificación de haber corrido la misma suerte con su progenitor, el buen escritor elige, y puede reordenar sus capítulos solicitando ayuda en su miseria arribando a una posición activa hacia lo contrario.

No hay castigo de géneros, la responsabilidad es para los sujetos que se inmolan en la carencia de su propia fábrica sin sacudirse ante la oportunidad de poder reconstruirse, excusándose en el victimismo de sus actos y pobrezas. Poder tomar consciencia de la invisibilidad provechosa de la autogestión, aprueba el trazo del humano, la contingencia de equivocarse y redimirse.

- *Buenos días mamá.*
- *Buenos días hija, apurate que tu papá está online y no tiene mucho tiempo.*
- *Sí mamá.*

@deseo

Ayer, hoy y siempre, el efecto mariposa como inocente niño se esconde entre los tiempos perfectos de Dios, el cursi hilo rojo que no perece, reclamando citas y pactos espirituales en donde súbitamente y sin rodeos te saquea la verdad frente a frente.

En la desolación más profunda, llegan esos ojos que interpelan y hacen revisar los planes espantando los fantasmas de la muerte, y en la más absurda resistencia, se reconocen aliviados y reflota la fe sometida por el fracaso y la costumbre. Dulcemente traen entre manos la villanía del olvido de amores pasados incitando el reintento; intrusos como piratas, roban la sensación de tristeza y el elixir de la angustia corriendo alrededor. Promulgan un sentir mágicamente loco, no dejan pensar y aún más vil, nublan las palabras en esa pérdida del ser de dónde irónicamente no quiere partir por encontrarse despierto más que nunca, y es el reloj de Cupido que ríe gritando al oído: solo estuve preparando en silencio a un corazón para que vibre en el verdadero amor, aunque en el infierno terrenal se dance en el baile de las dudas.

¡Qué romántico! Y certero también. Existen aún versiones retro que insisten en dictar que en algunas rinconeras empolvadas aún relumbra el amor de Romeo y Julieta, puliendo un desenfreno valiente que ante las restricciones mandatarias de la realeza envidiosa, se escapaba saltando balcones para honrar sus ansias quemándose en la eternización de sus afanes. En esos anticuados pero fervientes modos de referirse al amor, donde los enamorados descansaban confiados de su firmeza, había un eyector que los pulsaba al riesgo de atravesar metros de oleajes salvajes en una tabla de surf que podía derrapar en borrascas de arena, un motor que enloquecía al cuerpo y lo estremecía en nombre de la pasión que los recorría erizando la piel, sin embargo, ante la pregunta sobre el significado de qué les sucedía, los amantes se desconcertaban en discursos románticos sobre el amor que los unía creyendo esa la única arista, desconociendo la otra pujante indecible que es la causa del estupor velado como por una media sombra azabache que se apoda deseo.

Para hacer un breve recordatorio de lo fanático que es ir de shopping, se puede semejar al amor romántico como la lencería que inviste al deseo con tules multicolores, que lo hace presentir borroso e indiscernible por su tono claroscuro con la cualidad propia de una luz tenue, que deja escapar destellos ópticos contorneando figuras y trazos. En los secretos de alcoba se ejemplifica tal escena teatral, porque recubrir al deseo con encajes especiales y frases de amor que hagan de él su persuasión, no hace más que retroalimentarlo siempre haciendo pie en el mismo trampolín para recomenzar el circuito. Es fabuloso cuando los aires están candentes cubrir al deseo con una lámina tierna para que tal explicitud no haga de los amantes una huida profana, elevando al amor en su potencia para que todas esas partes corporales piropeadas se difuminen bajo su nombre.

Hace un par de décadas promedio, llegaban de los EEUU las videocaseteras y se abrían los videoclub barriales como furor de los suelos bonaerenses, recluyendo a los porteños curiosos por la tecnología vanguardista, en colas interminables para alquilar en VHS la película estreno de sábado por la noche, sin omitir sobre el mostrador el listado de películas en las cuales se le pedía al joven que atendía alguna recomendación del género entusiasta, ni el panfleto que publicitaba la promoción de dos títulos al precio de uno. También era una hazaña adolescente, llamar por teléfono a los amigos invitándolos a mirar una película en la casa de los padres que salían esa noche hasta tarde, haciendo un pacto sobre la condición que ésta debería quedar impecable una vez que se vayan. Los films de terror eran los más elegidos, sobre todo si en el grupo había señoritas asustadizas necesitando abrazos ante los monstruos que traspasaban el televisor, y si había rayos y centellas, la noche era ideal.

Después del explaye memorativo y para empaquetar toda esa escena que nada de impertinente tiene, se manifiesta el fotón que deduce que al género terror no hace falta alquilarlo ni mucho menos verlo por TV como espectador de una noche espeluznante, ya que hay un demonio encargado de hacerse revelar en los momentos más inoportunos en donde el cuerpo es propulsado por el deseo; así que corten el VHS y denle enhorabuena el saludo al miedo como otro motor de fuerza punzante.

Sin menoscabar su propósito, este siempre aparece en donde el grado de riesgo se presenta acosando, y es en ese cruce del miedo con el deseo que adviene el juicio decisivo si se juega el partido o no. Cualquier mortal va a intentar solventar el grado de riesgo lo más posible buscando garantías ficticias y hasta jocosas, orando un poco a las estrellas que lo deseado no sea fugaz en aras de asegurarse del peligro que asecha la posibilidad de naufragar. También es veraz concederle un poco de devoción al miedo siendo grato en su florecer, por proponer un estado de alerta que conmueve al deseante ante la providencia de un probable desastre, evitando transgredir la franja armónica que deja al mortal pivotando en las cornisas del abismo. Ardua es la fuerza del deseo que lidia con la imposición del miedo como barrera paralizante, barajando una encrucijada entre mente, cuerpo y alma incapaces de abordar a un consenso deliberado y equitativo.

Comprarse un boleto en calesita parece ser el arte repetitivo del sujeto en la convicción de querer cambiar su presente, paseando siempre por las mismas barricadas sin ser consciente que no es el cosmos quien le ofrece ese juego fortuito circular, sino que es él mismo quien promueve sus pasos hacia el mismo parque infantil en donde fue feliz, por eso no es sorprendente que el miedo arremeta improvisando al deseo ante un boleto comprado en el ayer. Es mérito de la experiencia y defensas represoras, hacer invisible el ancla de los remotos botines andariegos que hoy parecen novedosos, sin poder divisar que las huellas de esa calle empinada pertenecen al mismo errabundo que ambiciona corregirse.

Retomando a Shakespeare en los versos de uno de sus libros más románticos, se puede endulzar la vista proyectando ilusiones sobre los palacios nobiliarios que ofrecían fiestas de nupcias doradas, en donde los enamorados bailaban valses toda la noche en una eterna mirada hacia sus agasajados, espantados de las horas que faltaban para el lecho inerte, recordando la valentía de dos escapistas que refutaban con fervor consumir esa ceremonia contratada por los ápices de la más exquisita aristocracia. Los mandatos proclamados como aquello que debe ser según el deseo de los reyes contratantes que no hacen partícipes a sus protagonistas, son los asesinos del deseo que se apaga ante el plan maestro de secuestrarlo bajo órdenes supremas. En variadas ocasiones los prejuicios familiares son inflexibles ante las variadas posibilidades que el deseo puede disparar, actuando como camisa de fuerza ante la locura que propulsa y aquietando su luz por el forcejeo de fuerzas contradictorias, plasmando un combate entre lo que se debe hacer moralmente y lo que éticamente se desea conquistar.

Sin poder conseguir una varita mágica para que se cumplan los deseos, algunos de ellos buscan salida filtrándose por recovecos mentales apellidados fantasías, concretando en esa serie filmográfica alguna satisfacción autómata siendo uno mismo su propio cineasta, descarnando la pasión que enciende desear a otro ser. En el desaire de sueños vulnerados y para revivir sobre algún ventarrón de oxígeno, la lista de mandatos sirve como guía sabionda en el ahínco de querer subsanar la herida íntima de una quemadura doliente, donde se empieza a desdibujar en una mezcla de pinturas el real deseo con el anhelo embaucador, confundiendo en su semejanza a algunos mundanos que prefieren ser títeres de una trágica comedia irresuelta a ser los directores de su propia parodia. Si se graficaran sobre un lienzo ambas actitudes, por un lado, se perfilarían las bodas blancas ante dos amantes marcados a fuego por el deseo, por el otro, las bodas negras anheladas de cónyuges incorpóreos que son solo testamentos de secuencias de lo que debe ser, en un aposento de carbones ignífugos.

La aliada esbelta con capelina ondeada a quien no se le ha dado participación, ni el metre le acerca una copa de champagne en los colosales cultos, es la temida soledad. Equívocamente se la advierte como una máquina generadora de eremitas desamparados, aislados en un escondrijo y calificados de ser los pobres solterones problemáticos que no han podido construir napas fértiles; pues déjenme abofetear tal idea errónea colectiva. La soledad no es ni franca amiga, ni deshonesta enemiga, sino una posición elegida del adulto el cual logró construirse y conocerse con la sagaz lucidez e independencia de esquivar relaciones infecciosas y adictivas otorgando un pase libre a la paz y tranquilidad de su ambiente.

En el ribeteado moisés era infranqueable la idea de no necesitar de alguien para subsistir y ser cuidado, el crío era guarecido por el desgarro abrupto de ser expulsado de un planeta placentario acolchado de comodidades cuyo restaurante y dormitorio era la mamá misma, y por entrar en los despiadados efectos colaterales terrenales que ya se asoman desde la primera palmada angustiante forzando el espasmo pulmonar para respirar. Pero cuando el ser mortal se desarrolla hacia su edad madura, va adquiriendo la capacidad de emanciparse de las necesidades de hipotético confort, construyendo su propia caja de pandora para sobrevivir consigo mismo arrimándose a lo deseado como esperable pasaje a la gloria.

Son trillados los vínculos en donde la dependencia es el vino tinto de la cena donde se descorchan simulacros sufrientes ante el miedo de enfrentarse al deseo de estar solo, reservando un palco retrógrado a las etapas infantiles donde era imperante necesitar de otros, evitando tenazmente la renuncia al amor sagrado de imagos paternas y al egoísmo puro de ser atendido con incondicionalidad.

En el delirio del bebé gateador las galaxias estaban creadas para saldar sus solicitudes inacabables y responsabilizar de culpas a quienes limitaban brindar una vía láctea colmada de demandas, conspirando en cada una de ellas la necesidad de un signo de amor que todo niño narciso pretende, dando razón compasiva al cansancio de los papás que no pueden recuperarse tras las noches en duermevela. En los bebés adultos excusados, ceder a tal antojo no es del todo alentador; tener que desistir a una posición comodina y placentera como es la del absorbente chupete, es una resignación que impone admitir un movimiento activo del ser ante su propia vida que es ahora quien demanda ser atendida para no morir, de la cual algunos chantajistas se jactan impotentes de tolerarla otorgando a otros y sin permiso, el don de su ajustada supervivencia.

En los floridos jardines panorámicos de ruinas y desengaños, no todos los mortales han sabido construirse en soledad, algunos ventajeros disfrazados en el rol de perezosos se cobijan sobre los brazos de algún salvador que sature las demandas para aliviar un tránsito vital de periplos capitales, y en contrapartida, existen otros ventajeados asumiendo el rol de ofrecerse como semidioses recargándose de una responsabilidad que no les pertenece, siendo falazmente distribuidores de saciedades que sostienen una caída inminente. Este espectáculo tan tradicional no es más que el reflejo de la relación de padres e hijos, donde el salvado jamás ha hecho el duelo de su posición infantil pasiva demandante, ni el semidiós ha dejado de imitar a los modelos paternos portadores de la nutrición, conformando una unión en la madurez en nombre del amor que secretea la verdadera raíz enmarañada, en un imparable riego de necesidades entre el perezoso y el expendedor endiosado.

Es globalizado saber que todos los recién nacidos tienen un largo proceso de indefensión en sumisión de los cuidados de seres provistos de utillajes para su sustento, pero también es red mundial de noticias saber que a medida que avanza el crecimiento y ante la demanda de necesidades, se va entrometiendo una palabra bastante odiada por el reino humano que es el monosílabo "no" que se infunde como límite. El "no" se implementa con la intención funcional de cortar pedidos interminables del niño hacia su mamá y, el narrador de ese vocablo ensordecedor es un amado monstruo vigoroso llamado papá. El pobre niñito indefenso en su escandaloso berrinche, tendrá que lidiar con el cuco que viene a desterrarlo de su adorado amor privándolo de sus bellas albas, sin embargo, ese acto terrorífico no es más que el de un amor protector que lo comienza a revestir de independencia y de enciclopedias para que continúe arreglándoselas solo. Por ende y para ver por streaming, comienza la guerra de titanes cuyo trofeo es quién se apodera del ser amado, repercutiendo la proeza en cálidas risas y sonrisas por las pantomimas de los caprichosos infantes que son los intérpretes de un duelo angustiante pero infalible, alejarse de mamá. Y felicitamos a papá por ser el ganador, ahora el niño no podrá elegirla porque ya tiene dueño y va a tener que rebuscárselas cuando crezca con otras señoritas que la suplanten, permutando la necesidad de una mamá por el deseo hacia una mujer.

En ocasiones es divertido observar en las relaciones adultas como se manifiestan los reclamos de lazos infantiles y lo insoportable de recaer en el ideal, aunque se crea lo contrario. El alabado ideal no deja lugar a que nada falte, invita a la perfección dejando estupefacto e inmóvil al sujeto listo para fenecer. Es desesperante en ocasiones que un alma se entregue al amado colmándolo en todas sus faltas, queriéndose asegurar su amor cuando en verdad lo único que se fomenta es la locura y renuencia. Algunos íconos noveleros pueden dar constancia de tal adversidad en el gesto galano de: si se quieren flores, se podan jazmines; si se quieren bombones se fabrican chocolates; si se quiere una cena sale comida gourmet; escuchando por los huecos entrañables del socorrido las ansias que se regale otro artilugio que no sea el demandado, aspirando a un lugar quejoso para no asfixiarse y expulsar al ideal en una inventada discusión. Ese sentir de hipoxia no es más que el aplastamiento de deseo, porque el deseo nace de aquello que falta, y si el meloso insiste en encapucharlo, lo mortecino se encima doblegando al sujeto a la sumersión de la completud y la apatía de lo acabado.

Para continuar abanicando el fuego del deseo, se establece que el susodicho es el producto de la prohibición del fetiche materno cuando se perdió como trofeo, donde la inaplazable resolución es satisfacerlo por fuera de la familia de origen. Si se piensa ávidamente sobre esa escena guerrera, no sorprende concluir que, si el deseo arrebata, es porque se levanta la muralla de la prohibición; o se puede negar, que el sabor de lo prohibido en la adultez no es condimento extra de sal y pimienta para el encuentro de los amantes. Cuando el deseo es la locomotora de las relaciones y la necesidad queda sepultada en el olvido de vínculos infantiles, se puede ver desde los balcones de Romeo y Julieta a la pareja creadora del nido inmune.

En los museos reciclados y en la epopeya de que el deseo sea escuchado y no invisible por mandatos insolentes e invasores, es una neo licitación posmoderna que los innovadores elijan ponerse en línea para qué, en la interconexión mundial de las redes, empiece a circular el motor que los propulsa a la cita afanosa de cumplirse en resguardo de la intimidad virtual. Un nuevo y excitante sitio para proponer son justamente los balcones que se utilizan no solo para avistar a la naturaleza o saltarlos, sino para sacar la notebook e inspirarse en poesías dispuestas a transferirse por una pantalla led, donde el miedo comienza a desvanecerse por la lejanía protectora y una videocámara apagada es cómplice de los pecados desvestidos de su lencería, provocando lanzarse sin antifaces al explícito mundo ciberamoroso desbaratando en ocasiones el respeto que el deseo adhiere.

Las escolleras de roca que refrenan el deseo para no ser expuesto de forma promiscua, quedan en penitencia por un rato mientras se chatea y se busca una conexión que puede tropezar con el erotismo, desplomando a la vergüenza que enrojece las mejillas por el apronte del deseo, el asco que repulsa escenas condecoradas de sensualidad inconfesable y la moral que auspicia el acatamiento de consideraciones hacia los otros, imputando a la funesta tecnología por ofrecer facilismos onerosos que solo le pertenecen al intérprete online que crucifica en su desidia a lo prohibido. Es de pertinencia humana, hacer de la era tecno un medio y no un cocoliche impulsivo de agresiones, en donde se tergiversa en conveniencia lo sublime del deseo con una mixtura avasallante.

¡Cuántos rebusques para concretar y satisfacer los deseos en este infierno terrenal! Abriéndose las puertas edénicas, se va despejando la premisa que confirma que el errante hombre tiene la libertad y el derecho de desear, pero la obligación de hacer de su deseo un acto modesto. Socavar el miedo y a su vez atenderlo conformándose con un escueto acuerdo sobrio entre las partes, hace del mortal la razón de su vivir. En las líneas finales cuando se esté cruzando el portal hacia el nirvana y el tiempo físico perezca, la balanza justiciera va anunciarse imponiendo un juicio ante las decisiones cabales tomadas en el peregrinaje.

La idea furtiva es que antes de la despedida, se puedan reivindicar los pecados y desestimar los arrepentimientos que tarde acometieron, e irse en paz en el convencimiento que el miedo fue vencido en algunas batallas y el deseo vencedor ha sabido purgarse en su victorioso amanecer.

Se acaba el cuento y es hora de resetear.
@ha_sido_un_placer

Acerca de la autora

Formación académica:

Nací en la ciudad de Mar del Plata, Buenos Aires, Argentina. Luego de comenzar en el año 1998 la carrera de Medicina en la Facultad de Ciencias Médicas de La U.B.A, deserté para iniciar la carrera de Lic. en Psicología comenzando en el 2001 y graduándome de Licenciada en el año 2008 en la Facultad de Psicología de la Universidad de Buenos Aires (U.B.A). Pasados los años realicé una Carrera de posgrado recibiendo el título de Especialista en Entornos Virtuales de Aprendizaje en la Facultad de Ciencias Sociales de la Pontificia Universidad Católica Argentina (UCA) en el 2019.

Antecedentes laborales profesionales:

Desde el 2017 al 2018 en la Pontificia Universidad Católica Argentina fui integrante del "Vicerrectorado de Investigación e Innovación Académica" cuyo espacio está dedicado a la innovación e investigación de diferentes áreas universitarias confluyendo interdisciplinariamente en proyectos de indagación y exploración, en dónde asumí la responsabilidad de la planificación de "Educación a distancia" a través de "Entornos Virtuales de Aprendizaje". Durante el 2017 en la Facultad de Psicología de la Universidad de Buenos Aires. Secretaría de Extensión, Cultura y Bienestar Universitario fui coordinadora general y docente del Seminario: "Incógnitas sobre los inicios de nuestra labor" en donde dicté clases y coordiné dicho seminario tras un proyecto propio brindado a los estudiantes avanzados y egresados de la carrera de licenciatura en psicología y afines con una frecuencia semanal. En el año 2015 conduje un Programa radial Social y Cultural Radio online representante de la Argentina en Colombia www.raddioeme.com.ar un espacio radial privado de 1hs mensual llamado "Vermut Neurótico". En dicho espacio promoví imaginar escenas entre una psicoanalista y una mujer, la cual intenta a través de una entrevista a la profesional saldar las problemáticas que acarrean los seres humanos en lo cotidiano y en la vida. Destaqué la posibilidad de estar compartiendo un vermut, siendo la entrevistada la interlocutora de sus dudas. No obstante, elegí música correspondiente del tema a tratar en el afán de simplificar el entendimiento de los oyentes, brindándoles en un lenguaje coloquial los conocimientos del psicoanálisis. Durante el 2013 trabajé en Yusen Logistics Argentina (Logística integral al servicio del exportador / importador) como consultora externa en donde realicé evaluación y diagnóstico organizacional y, con los resultados obtenidos, contribuí a impulsar la comunicación y los vínculos laborales pertinentes a los diferentes sectores de la empresa tomando en cuenta su cultura y estructura, a su vez, hice importantes aportes en orientación y asesoramiento en gráfica. Asimismo, también en 2013 trabajé en la Agencia Marítima Multimar (Grupo integral de transporte y logística) como consultora externa, analicé aspectos relacionados a las comunicaciones internas y propuse acciones tendientes a optimizar las relaciones laborales del personal con el objetivo de brindar un mejor servicio a la clientela. Mediante la gráfica proyectiva señalé la importancia emocional en las relaciones vinculares laborales que permiten capitalizar los conocimientos y habilidades de los recursos humanos. Entre el 2012-2013 trabajé en Brightway Talents. (Consultora de selección de los mejores talentos del área tecnológica), como consultora externa en selección de personal, realicé la búsqueda de perfiles profesionales en venta y marketing, orientando al postulante a su perfeccionamiento con el objetivo de cumplir con la demanda empresarial sobre las competencias solicitadas, asimismo, conformé los informes pertinentes utilizando las herramientas psicotécnicas y entrevistas propias para una correcta selección. Entre el 2012 y 2015 conduje un programa radial Social y Cultural. Radio online representante de la Argentina en Colombia www.raddioeme.com.ar Fue un espacio radial privado de 1hs semanal llamado "Dos Pasiones, Música y Psicoanálisis". A través de él convoqué y trasmití a través de mi discurso las intercomunicaciones y relaciones sociales. Vinculé los conflictos singulares de los oyentes con lo universal de lo cotidiano. Incluí música que representó y simbolizó el contenido elegido y analicé su significado brindando al oyente su interpretación. Incité a la expresión on-line escrita, basando mis respuestas de manera neutral y aplicando la mirada psicoanalítica oportuna. De este maravilloso espacio, he conseguido ser galardonada con 5 premios nacionales como mejor programa social cultural. Desde el 2011 al 2014 trabajé en el Hospital Gral. de Agudos Dr. Teodoro Álvarez. (Hospital Público). Fui Integrante del Equipo de Urgencias de Psicopatología, división salud mental e internación. Junto al equipo de urgencias me he dedicado a asistir al paciente en riesgo e iniciar el tratamiento correspondiente en relación interdisciplinaria con médicos del sector. En el 2009 fui integrante del staff en Consultorios Barrancas de Belgrano (Consultorios en Medicina Integral Complementaria). Allí trabajé de manera conjunta e interdisciplinaria con los profesionales de las distintas áreas y especialidades de la salud. Aporté en el asesoramiento en gráfica promocional.

Actividad laboral actual:

Por ser una gran amante de la docencia, continuo en la Facultad de Psicología de la Universidad de Buenos Aires. Secretaría de Extensión, Cultura y Bienestar Universitario siendo coordinadora general y docente del Seminario Presencial y Virtual: "Trauma y estrés postraumático. ¿Dos lecturas de un fenómeno? En dichos espacios dicto clases y coordino dicho seminario como un proyecto propio dictado a los estudiantes avanzados y egresados de la carrera de licenciatura en psicología y afines con una frecuencia semanal. A su vez, el mismo curso lo dicto en AULA NÓMADA Curso Virtual "Trauma y Estrés Postraumático. ¿Dos lecturas de un fenómeno?, junto con otro llamado "En ti más que tu". En dicha aula radicada en Perú, dicto clases y coordino dicho seminario a través de un proyecto propio brindado a los estudiantes avanzados y egresados de la carrera de licenciatura en psicología y afines con una frecuencia semanal. https://aulanomada.classonlive.com También soy integrante del equipo de psicólogos de "Tiempo Terapéutico, psicólogos". Madrid. España. Junto con el equipo trabajo modalidad online en supervisiones y psicoterapias. A su vez, realizo supervisiones on-line para el Círculo Psicoanalítico Freud Lacan. Mar de coral 7a, fraccionamiento Joyas de Cuautitlán, municipio Cuautitlán México, México. Presidente

Ricardo Elías Ávila. A través de dicho espacio clínico superviso a los analistas recién graduados y en formación, sus obstáculos, dudas, direccionamientos, diagnósticos, etc. Consultorio Privado. (Psicoanalista clínica en adolescentes y adultos). En dicho espacio privado entrevisto a las personas que demandan asistencia. Evalúo mediante su aplicación la iniciación al tratamiento correcto y derivo si es pertinente al sector médico según el caso singular y la necesidad del entrevistado.

Premios y distinciones:

En 2015. Premio Nacional Capital de la Provincia. Premio obtenido por reconocimiento a la labor radial del programa "Dos Pasiones, Música y Psicoanálisis" categoría Social Cultural. (Ideas Creativas). 2014. Premio Nacional Reina del Plata. Programa de radio ganador "Dos Pasiones, Música y Psicoanálisis". Categoría Social Cultural. (Ideas Creativas). 2013. Premio Nacional Antena Vip. Programa de radio ganador "Dos Pasiones, Música y Psicoanálisis" Categoría Social Cultural. (Ideas Creativas). 2013. Premio Nacional Faro de Oro de Mar del Plata. Programa de radio ternado "Dos Pasiones, Música y Psicoanálisis" Categoría Opinión. (Asociación Civil Premio Nacional Faro de Oro). 2013. Premio Nacional Reina del Plata. Programa de radio ganador "Dos Pasiones, Música y Psicoanálisis". Categoría Social Cultural.

(Ideas Creativas). 2012. Premio Nacional Gaviota Federal. Programa de radio ganador "Dos Pasiones, Música y Psicoanálisis". Categoría Sociales. A.A.D.A (Asociación Argentina de Artistas de Radio y TV).

Publicaciones profesionales:

En 2019. AUTORA. EDICIÓN DEL LIBRO "MI PAPÁ ES VIRTUAL" "Mi papá es virtual" es un libro que nos acerca al surgimiento vanguardista de la realidad cibernética como protagonista de los nuevos modos de relacionarse y a las consecuencias revolucionarias que emocionalmente imparten desde su esencia. Destapa e ilumina a la nueva faz tecnológica como herramienta utilizable para desprenderse de los vetustos estereotipos vinculares siendo bisagra entre las generaciones vintage y posmodernas.

Desde el psicoanálisis prometo la exposición y entendimiento de los avatares del sujeto inmerso en una sociedad que cambia ágil y rápidamente, desbaratando los pensamientos universalistas benefactores y facilitadores del consumo, contraponiendo y brindando estoicamente la importancia que implica la pertenencia de identidad singular construida desde la infancia y revelando como lo propio del ser se ve afectado y sumergido en esta carrera de tiempos acelerados, avistando el hundimiento del espíritu en pos de radicarse en la nova era globalizada del vacío virtual. 2017. Enamorarse del "a". Ser digno de ser. Arte y Psicoanálisis. SITIO WEB PSICOANALÍTICO. elSigma.com "LETRA VIVA – IMAGO AGENDA". 2017. Fantasías Sexuales. Noticias. WEB: erosradio.com.ar 2013. Reencontrarse con el propio Deseo. Premios Gaviota Federal de Mar del Plata 2012. Devoto Magazine. Suplemento Salud - área Psi.2013. Reencontrarse con el propio Deseo. Apuntes de Barrio. Cultura y Sociedad. 2012. Para qué sirve analizarse. El estigma de los psicoanalistas. Apuntes de Barrio. Cultura y Sociedad. 2012. Las parejas y las vacaciones. Devoto Magazine. Suplemento Salud - área Psi. 2010. Neurosis Obsesiva. Introducción al Psicoanálisis. SITIO WEB PSICOANALÍTICO. elSigma.com "LETRA VIVA – IMAGO AGENDA".2010. El lugar del Analista. Introducción al Psicoanálisis. SITIO WEB PSICOANALÍTICO. elSigma.com "LETRA VIVA – IMAGO AGENDA".

Experiencia académica y docente:

Colegio San Miguel Institución Católica. 2011. Observé y evalué las características ambientales, docentes y estudiantiles del primer año del secundario en la clase de Lengua y Literatura. Conformé el armado de clase y transmisión de contenido educativo a los alumnos en curso.

En el Hospital Gral. De Agudos Dr. Teodoro Álvarez. 2011 fui expositora en las XII Jornadas de Psicopatología y Salud Mental. Los Nombres del Síntoma. En el 2011 fui asistente de las XII Jornadas de Psicopatología y Salud Mental. Los Nombres del Síntoma. Clasificación y Diagnóstico. En el Centro de Salud Mental Nro. 3 Dr. A. Ameghino durante el 2010 fui expositora de un ateneo Clínico de Neurosis Obsesiva para la cátedra de "Repetición e Inconsciente". En el 2010 fui integrante de las Jornadas Anuales de Asistencia y participación dictado por el Comité de Docencia e Investigación "El sabor de la experiencia. Acto analítico, Lectura y Transmisión". A.E.P.A. Fundación Asistencia y Estudios Psicoanalíticos Argentinos. 2009. Participé en el Ciclo de conferencias y Ateneos Clínicos Anuales: Asistencia y Participación. "De la fantasía al fantasma, un recorrido en la experiencia psicoanalítica". En el 2008 Facultad de Psicología. UBA. Fui integrante de la VII Jornada Anual de la Práctica Profesional y de Investigación: Participación y asistencia. "La clínica en la Emergencia", "La Pulsión y la Dirección de la cura".

Formación profesional de posgrado:

UAbierta de la Universidad de Chile. 2019 Introducción a las teorías feministas. Pontificia Universidad Católica Argentina (UCA). 2018. Taller de Coaching. 2018. Curso de especialización en entornos virtuales de aprendizaje .2018. Taller de ADN de la Productividad y Autodesarrollo. 2018. Gestión del Estrés y las Emociones. 2017. Curso de Coaching Ontológico Nivel I y II. CE.SA.MEN.DE. Primer Centro de Especialistas en Salud Mental. 2016. Tiempos Compulsivos: Figuras Clínicas de la Pulsión de Muerte. Centro de Salud Mental Nro. 3 Dr. A. Ameghino. 2010-2012. Curso Prolongado de Psicoanálisis. (300hs). 2012 - Seminario de Postgrado "Locura, una pasión del yo". 2012 - Seminario de Postgrado "Los Bordes en la Clínica". 2011 - Seminario de Postgrado "Amor, deseo y goce en la experiencia psicoanalítica". 2011 – Seminario de Postgrado "Operadores Clínicos". 2010 – Seminario de Postgrado "La dimensión del Fantasma". 2010 – Seminario de Postgrado "El lugar del Analista". 2010 – Curso de Postgrado "Clínica y Neurosis Obsesiva". (22hs). Hospital Público Gral. De Agudos Dr. Teodoro Álvarez. 2012-2014. Cursos Anuales de "Patologías del acto, algunas dificultades, recorrido por algunos autores contemporáneos de Freud y antecesores de Lacan". (540hs). Hospital Público Interzonal de Agudos Pte. Perón de Avellaneda. 2010. Curso "Los Caminos del Duelo". (12hs). Causa Clínica. Psicoanálisis Aplicado. Asistencia – Docencia – Investigación. 2010. Pasantía Clínica con Adultos Psicoanálisis aplicado a la Institución. (40hs). Centro Psicológico Viamonte. 2009. Curso del "Z Test de Zulliger" aplicado a selección de personal. (12hs). Facultad de Psicología de Bs.As. (U.B.A.) 2009. Seminario "Ataque de Pánico. Clínica de un trastorno actual". (12hs). 2008. Seminario Psicosomáticas: "Cuando el cuerpo habla". Clínica de la Emergencia e Interconsulta. (8hs).

www.ingramcontent.com/pod-product-compliance
Lightning Source LLC
Chambersburg PA
CBHW071523220526
45472CB00003B/1132